中学生 理科の
自由研究
パーフェクト

成美堂出版

目次

実験を始める前に	5
この本の使い方	6
レポート作成のコツ	8
実験道具を知ろう	10

第1章 物質の力を引き出すびっくり実験 （物理）

実験1	触れずにへこむペットボトル	12
実験2	くっついたら離れない半球!?	13
実験3	景色が伸びるカメラを作ろう	16
実験4	冷蔵庫いらずのアイス作り	20
実験5	卵が浮いてくる!?	23
実験6	糸電話で聞いてみよう	26
実験7	不思議な糸電話を作ろう	27
実験8	紙皿から音を響かせよう！	30
実験9	静電気でコップをまわそう	34
実験10	ふりこの法則を調べよう	37
実験11	画びょうで作る静電気ふりこ	40
実験12	放射線を見てみよう	43

第2章 物質を変化させるふしぎ実験 　化学

実験13	うがい薬でビタミンチェック！	48
実験14	いちばん温まる色はどれ？	51
実験15	光による温度上昇を調べよう	52
実験16	ムラサキキャベツ液で色実験	54
実験17	食品で10円玉がピッカピカ！	57
実験18	食品で毛糸に色をつけよう	59
実験19	果物が電池になる!?	62
実験20	身近なものを電池にしよう！	65
実験21	不思議いっぱい、シャボン玉！	68
実験22	銅イオンの動きを見てみよう	71
実験23	封筒がほかほかカイロに!?	74

第3章 生き物を知るおもしろ実験 　生物

実験24	残り野菜は生きている!?	78
実験25	植物はどうやって水を吸う？	81
実験26	でんぷんを分解してみよう	84
実験27	葉脈標本を作ってみよう	87
実験28	感じやすいのはどこ？	90
実験29	舌の感じ方を調べよう	91
実験30	骨格標本を作ろう	93
実験31	野菜のDNAを見てみよう！	96
実験32	野菜・果物の保存方法を調べよう	99

第4章 地球の現象を見るなるほど実験 　地学

実験33	地面が液状になる？	104
実験34	雲で天気を予想しよう	107
実験35	ペットボトルの温度計	110
実験36	簡易気圧計で気圧調べ	114
実験37	セロハンが湿度計に!?	118

第5章 環境を考えるエコ実験 　環境

実験38	牛乳パックを再生紙に！	122
実験39	布を染めてみよう	125
実験40	身近な雨が酸性雨に!?	128
実験41	バナナで紫外線チェック!?	132
実験42	発酵食品を作ろう	135
実験43	生ゴミで植物を育てよう	139

索引 …… 142

実験を始める前に

実際に実験を開始するまでには、さまざまな準備があるよ。その準備は、実験をすることと同じくらい重要なんだ。ここでは、その準備の例を紹介するよ。あくまで目安なので、自分なりに流れを作って計画的に進めるようにしよう。

Step1 テーマを見つける

実験のテーマは、身のまわりにたくさんあります。授業で興味がわいたことや日ごろから疑問に思っていることなどを書き出しながら、いちばん知りたいテーマを探しましょう。

Step2 実験方法を調べる

テーマが決まったら、やり方を調べます。授業でおこなった実験や本、インターネットなどから情報を集め、具体的な実験方法を決めましょう。使う道具やかかる時間なども念頭に入れて決めるといいでしょう。

Step3 実験計画を立てる

実験方法を決めたら、計画を立てます。実験によって、1か月かかるものや、取り寄せないといけない道具がある場合も。実験の予想を立てながら、余裕をもった計画を立てて進めましょう。

Step4 実験する

実験は予測をしながら進めます。一度の実験ではなく、何度かおこなって、結果を比べてまとめるといいでしょう。条件を変えるときは1つだけにして、ほかの条件は同じになるようにします。結果が予測と違うときは、その原因を確かめることも大切です。

この本の使い方

この本は、主に中学生の教科書に即した自由研究の実験ガイドだよ。物理と化学（1分野）、生物と地学（2分野）、及び環境に関する実験に分けて紹介しているよ。身近なものを使って始められる実験が多いから、興味のある分野を探してやってみよう。

実験時間とレベル

実験にかかる時間とレベルの目安です。時間がかかったり、準備や実験が難しかったりするものは、レベルが高くなっています。

ハカセ

実験が大好きで、それぞれの実験について、楽しくアドバイスをしてくれます。

実験方法

実験内容が、ひと目でわかります。やり方もイラストを使って、わかりやすく説明をしています。

注意

実験を進めるに当たって、危険な点や注意するべきことを挙げています。

● 実験時間　約2時間　　レベル ★★☆

実験19 果物が電池になる!?

写真撮影／小野寺 宏友

レモンなどの果物を金属の板でつなぐと、電気が流れるんだよ。実際に発光ダイオードを光らせてみよう。

用意するもの
- レモン（2個）　● いろいろな食材
- アルミ板（厚さ0.1mm。ホームセンターなどで売っている）
- 銅板（厚さ0.1mm。ホームセンターなどで売っている）
- ミノムシクリップのついた導線（5本）
- 発光ダイオード（電気用品店で売っている）　● ナイフ　● はさみ

レモンで電池を作ろう

① アルミ板と銅板を切る

アルミ板と銅板をはさみで3×5cmに切る。同じものを4枚ずつ作る。

② レモンに切りこみを入れる

レモンを半分に切り、1cmくらいのすき間ができるように2本の切りこみを入れる。4つ作る。

③ アルミ板と銅板をさしこむ

一方の切りこみにアルミ板を、もう一方の切りこみに銅板をさしこむ。2枚の板が触れ合わないように注意する。

④ 導線でつなぐ

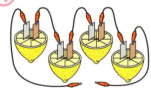

ミノムシクリップのついた導線で、それぞれのレモンにささったアルミ板と銅板を図のようにつないでいく。

⚠ はさみやナイフは、取り扱いにはじゅうぶん注意しよう。実験に使ったレモンを食べてはだめだよ。

用意するもの

実験に必要な道具や材料を紹介しています。聞きなれないものや入手が難しいものは、どこで売っているかも紹介しています。

ぼくたちも、一緒に実験を進めていくよ。

どの実験をするか、迷っちゃうね。

⑤ 銅板と発光ダイオードをつなぐ

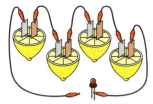

端の銅板と発光ダイオードの長い足（＋極）をつなぐ。

⑥ アルミ板と発光ダイオードをつなぐ

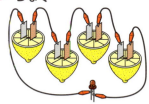

端のアルミ板と発光ダイオードの短い足（−極）をつなぐ。

⑦ 発光ダイオードが光る

ポイント　光り方は弱いので、注意して見る。

発光ダイオードが光る。発光ダイオードの＋極と−極をまちがうと光らないので注意する。

⑧ ほかの方法で試す

レモンの個数を変えて、発光ダイオードの明るさを比べてみる。また、ミカンやリンゴ、タマネギなど、ほかの食品で電池を作って、結果を比べてみる。

インデックス

各章（分野別に5章）ごとに、色分けしたインデックスをつけていますので、引きやすくなっています。

第2章　物質を変化させるふしぎ実験

? なぜ光るの？

アルミニウムは、レモン果汁に含まれている酸に溶けやすく、溶けたときに−の電気を帯びた電子を離す性質がある。そのため、アルミニウムが溶けるとアルミ板の中に多くの電子が残されることになり、これらは銅板のほうに向かって移動を始める。この電子の移動によって電気が流れ、発光ダイオードが光るんだよ。
銅板に移動した電子は、レモン果汁に含まれている水素イオンと結合し、水素ガスになるよ。

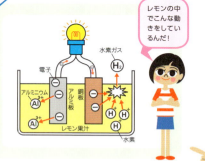
レモンの中でこんな動きをしているんだ！

どうして？コラム

実験の結果生じる疑問を、わかりやすく解説しています。これをきっかけに、さらに自分で調べてみるといいでしょう。

自分でやってみることが大切だよ。できないことがあれば、いろいろ試してみよう。

ポイント

手順の中で、特に押さえておくといいポイントを説明しています。

レポート作成のコツ

この本では、それぞれの実験について、レポートの実例も紹介しているよ。まとめ方はあくまで一例。これを参考に、自分だけのわかりやすいレポートを作ろう。ここでは、実例の見方とレポート作成のコツを紹介するよ。

レポートを作ってみよう！

酸性雨について調べる

実験の目的
学校で酸性雨の問題について習った。遠い国での出来事かと思っていたのだが、私たちが住んでいる地域でも降っているという。そこで、本当に降っているのか、どんなときに降りやすいのかを調べてみることにした。

用意したもの
ペットボトル(500mLのもの)　セロハンテープ　ビニルシート　ガムテープ
パックテスト®(pH測定用)　カッターナイフ　パソコン

実験の方法
①ペットボトルを半分に切り、よく洗って乾かす。ペットボトルの上側を逆さにし、重ねてセロハンテープで固定する。
②雨の降りはじめのときに、屋外に測定器を設置して雨を集める。雨が降った日の気温や雨のようす、風向きをパソコンなどで調べて記録しておく。
③集めた雨のpHの値を、パックテストで調べる。
④同じ方法で何日間か雨のpHを調べ、気温や風向きなどと酸性雨にどのような関係があるか調べる。

実験に使った装置

> どのような装置を作って実験をしたのかわかるように、イラストや写真をつける。

実験の結果
初日から、パックテストに酸性雨の反応が出た。気温の差によって、××××××××××××××××××××××××××××××

×月×日	×月×日	×月×日	×月×日	×月×日	×月×日	×月×日
pH…×× 気温…×℃ 風向き…××× ×××××	pH…×× 気温…×℃ 風向き…××× ×××××	pH…×× 気温…×℃ 風向き…××× ×××××	pH…×× 気温…×℃ 風向き…××× ×××××	pH…×× 気温…×℃ 風向き…××× ×××××	pH…×× 気温…×℃ 風向き…××× ×××××	pH…×× 気温…×℃ 風向き…××× ×××××

> 実験の結果を表などにして、わかりやすくまとめる。

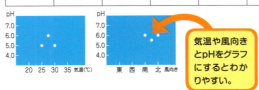

> 気温や風向きとpHをグラフにするとわかりやすい。

> 雨量とpHの値にも、何か関係があるのかな？

まとめ・感想
遠い国の問題だと思っていた酸性雨だったが、調べてみて、身近なところに降っていることを知り、びっくりした。×××××××××××××××××××××××。酸性雨は、植物を枯らしたり、コンクリートを溶かしたりして、さまざまな被害をもたらすそうなので、次はそのような影響についても調べてみたいと思った。

ポイント1　タイトル
ここで示したタイトルは一例ですので、わかりやすくて興味を引くタイトルを自分で考えてつけましょう。なるべく短くまとめるのがコツです。

ポイント2　実験の目的
なぜその実験をしようと思ったのかを、具体例を入れてわかりやすく書きましょう。また、実験を始める前に結果を予想して書いておくと、最後の「まとめ・感想」が書きやすくなります。

ポイント3　実験の方法
実験の順を追って、簡潔にわかりやすく書きましょう。箇条書きにするとより見やすくなります。実験器具などは、文字で書いてもわかりにくいので、イラストや写真をつけるとよいでしょう。

ポイント4　実験の結果
実験をして起こった現象や観測した数値などを短くまとめます。実例では、具体的な結果は省略（×××）していますので、自分で調べた結果を書きましょう。オレンジ色の囲み部分はレポート作成のコツなので、参考にしてください。また、表やグラフを使うことで、ひと目で実験結果がわかるようになるので、活用しましょう。

ポイント5　まとめ・感想
ここにある「まとめ・感想」はあくまで一例。参考にしながら、実験を通してわかったことや気づいたことを素直に書きましょう。うまくいかなかったことがある場合、その原因や、今後やってみたい実験などについても書くと、まとめやすくなります。

もしもわからないことがあったら……

●図書館で調べる
辞書や百科事典、関連する書籍などを探して調べてみましょう。

●インターネットを利用する
検索エンジンから、調べたい言葉を入力してホームページを検索しましょう。

●取材をする
本やインターネットでわからなければ、先生や博物館の人などに聞きましょう。

グラフを活用しよう！

グラフを描くと、たくさんの数字がどのような規則になっているのかがひと目でわかるようになります。うまく活用して、見やすいレポートにしましょう。

[グラフの描き方]
①グラフの中の測定した値の位置に点を打つ。
②グラフの中に打った点が、直線や曲線など、どのような規則で変化しているのかを見極め、線を引く。
③線を引くときには、点が線の上下に均等に散らばるようにする。

[グラフの例]
①直線の場合

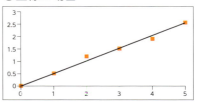

②曲線の場合　　③線を引かない場合

実験道具を知ろう

実験を開始する前に、道具について確認しよう。実験器具などを正しく使わないと、実験が成功しないだけではなく、とても危険なこともあるよ。正しい使い方を身につけて、安全に楽しく実験をしよう！

基本的な実験道具の使い方

それぞれメーカーによって異なることもあるので、説明書をよく読んで使用しましょう。

温度計

温度計を読むときは、目の位置を目もりと水平にして読みます。水温をはかるときは、水に入れたまま読みます。

はかり

水平な場所に置き、針を0に合わせます。はかるものははかりの中央に静かに置きましょう。

カメラ

写すものの全体が入っていること、明るさやピントが合っていることを確認してから撮影しましょう。

注意する必要のある実験道具

実験では、危険なものを使うこともあります。正しく使って安全に実験をしましょう。

カッターナイフ

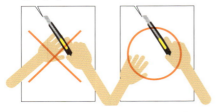

切るときに、刃が進む方向に手を置かず、横に手を置きましょう。

きり・千枚通し

穴を開けるものを下が安定したところに置き、ゆっくりと穴を開けるようにしましょう。

火

火を使うときは、換気をしながら火が強くなりすぎないよう注意し、大人の人と一緒にやりましょう。

道具・材料を買うには

実験道具や材料は、ホームセンターや薬局、スーパーマーケット、実験用具店などで買うことができます。また、インターネットの通販サイトでも購入できます。実験を始める前に、道具と材料がそろっているかどうかよく確認しましょう。

第1章
物質の力を引き出すびっくり実験
～物理～

ふりこを動かす実験のやり方は、40ページをCHECKしよう！

実験時間 約1時間　レベル ★☆☆

実験1 触れずにへこむペットボトル

写真撮影／小野寺 宏友

あたり前のようにある空気だけど、すごい力を持っているんだよ。水蒸気を使ってペットボトルをへこませて、空気の力を見てみよう。

用意するもの

- ペットボトル（500mLのもので、形やかたさが違うもの数本）
- お湯（90℃くらい）

水蒸気を使ってペットボトルをへこませよう

① ペットボトルにお湯を入れる

ペットボトルの中に熱いお湯を100～150mL入れて、そのまま30秒ほど置き、水蒸気で中の空気を外に出す。

② 水蒸気を閉じこめる

ペットボトルの中に水蒸気がたまったら、中のお湯を捨てて、すぐにしっかりふたをする。

③ ペットボトルを観察する

ペットボトルがへこんでいくようすを、観察する。

④ 別のペットボトルで試す

さまざまなかたさや形のペットボトルで、へこむようすが違うのか比べてみよう。

⚠ お湯は、取り扱いにじゅうぶん注意しよう。

| 実験時間 約1時間 | レベル ★★☆ |

くっついたら離れない半球!? 実験2

一度くっついたら離れない、不思議な半球を作ろう。マグデブルグの半球といわれていて、空気の圧力だけでくっつくんだよ。

用意するもの
- ステンレスのボウル（同じ大きさのもの2個）
- 吸盤（ひもがつけられるもの2個）
- 厚紙 ●洗面器 ●ライター
- 新聞紙 ●カッターナイフ
- ひも ●軍手

写真撮影／中島 隆

第1章　物質の力を引き出すびっくり実験

ボウルをくっつけてマグデブルグの半球を作ろう

① 厚紙から円を切り抜く

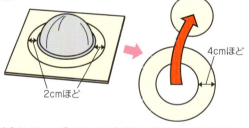

厚紙から、ボウルの直径より4cmほど大きな円をカッターナイフで切り抜き、その内側に直径より8cm小さな円を切り抜く。2枚作る。

② 洗面器にボウルを浮かべる

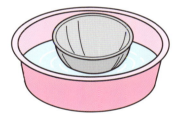

洗面器に水を入れて、ボウルを浮かべる。

③ ぬらした厚紙をふちに置く

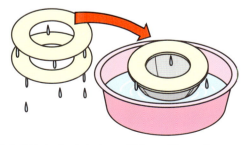

①を2枚ともぬらして重ね、②のボウルのふちにのせる。

④ ボウルの中で新聞紙を燃やす

新聞紙1枚を軽く丸めてボウルに入れて、ライターで火をつける。

 カッターナイフは取り扱いにじゅうぶん注意して、火を使うときは大人の人と一緒にやろう。

⑤ ボウルでふたをする

火が燃えてきたら、軍手をしてもう1つのボウルを上からかぶせてふたをする。

⑥ ボウルを水から取り出す

火が消えたころを見はからって（手で触れるくらい冷えたら）、ボウルを水から取り出す。

⑦ ボウルに吸盤をつける

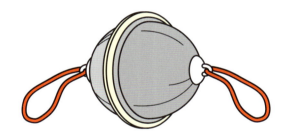

それぞれのボウルの底に、ひもをつけた吸盤をつける。

⑧ 両手で引っぱる

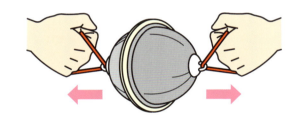

両手で吸盤を持って、左右に力いっぱい引っぱって確認をする。

❓ なぜへこんだりくっついたりするの？

ペットボトルにお湯を入れると、中に水蒸気がたまり、水蒸気が冷えると水に戻るため体積が小さくなる。ふたをしていると、体積が小さくなった分、中の気圧が低くなり、気圧の高い外側の空気に押されてへこむんだ。

また、ボウルの中の新聞紙に火をつけると中の空気（燃えてできる二酸化炭素や水蒸気など）が膨張し、火が消えて冷えるにしたがって、気圧が低くなっていく。だから、外の気圧に押さえつけられて、引き離せなくなるんだよ。

空気ってすごいパワーがあるんだね！

レポートを作ってみよう!

空気の力を確かめる実験

実験の目的
旅行で高い山に登ったとき、ポテトチップスの袋がパンパンにふくらんでしまった。そこで、ふくらませたり縮めたりする空気の圧力を実際に確かめてみようと思った。

用意したもの
ステンレスのボウル(2個)　吸盤(ひもがつけられるもの2個)　ひも　厚紙　カッターナイフ　洗面器　新聞紙　ペットボトル(500mLのもので、かたさや形が違うもの3本)　ライター　お湯　軍手

実験の方法

〈実験1〉
① ペットボトルにお湯を入れ、水蒸気がたまったら捨てて、すぐにふたをする。
② 水蒸気が冷めるにしたがって、ペットボトルにどんな変化があるか観察する。
③ いろいろな形のペットボトルで、試してみる。

〈実験2〉
① ボウルの中で火を燃やし、間に厚紙をはさんで、燃えている間にもう1つのボウルを上から重ねる。
② 火が消えて冷えたあと、ボウルに吸盤をつけて両側から引っぱる。

実験の結果

〈実験1〉
次のような結果になった。ペットボトルの種類によって、××××××××××××××××××××××××××××。

ペットボトルによって、へこんでいくようすの違いを書く。

ペットボトルがそれぞれどうなったのか、結果は、写真をつけるとわかりやすい。

へこんでいくようすを、時間の経過で見せても、面白いね。

〈実験2〉
左右から、軽く引っぱったり思いっきり引っぱったりしたが、まったく離れなかった。××××××××××××××××××××。

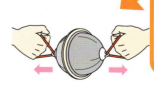

どんな状態なのかをイラストなどで表すと、伝わりやすい。

まとめ・感想
空気には、想像している以上に強い力があることがわかった。マグデブルグの半球は、まったく離れなくて、空気の力が実感できた。また、ペットボトルの実験で、外の圧力は、ペットボトルの種類によって、××××××××××××××××××××××。半球は、厚紙が乾くとすぐ離れたが、どうしてなのか次回調べてみたいと思った。

| 実験時間 | 約2時間 | レベル | ★★★ |

実験3 景色が伸びるカメラを作ろう

写真撮影／小野寺 宏友

レンズがないのに景色が写って伸びる不思議なカメラ、ピンホールカメラを作って、いろいろな景色を見てみよう。

用意するもの
- 牛乳パック（500mLのもの）
- 黒いアクリル絵の具 ●筆
- 黒い厚紙
- トレーシングペーパー（文房具店で売っている）
- はさみ ●カッターナイフ ●接着剤

箱を重ねてカメラを作ろう

① 牛乳パックで箱を作る

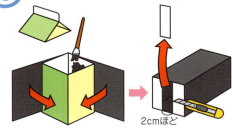

牛乳パックの注ぎ口を切り落とし、内側をアクリル絵の具で黒くぬる。外側は黒い厚紙で巻く。底に長方形の穴を開ける。

② 1mmのすき間を作る

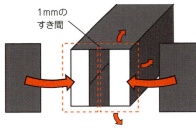

①で開けた穴の真ん中に約1mmのすき間ができるように、接着剤で黒い厚紙を左右からはる。箱Aの完成。

③ 箱Aにおさまる筒を作る

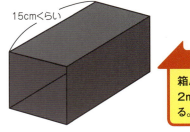

ポイント
箱Aの1辺より、2mmほど小さくする。

黒い厚紙で、箱Aの内側にすっぽりおさまる大きさの四角い筒を作る。

④ 1mmのすき間を作る

筒の片側に箱Aのように、約1mmのすき間ができるよう、接着剤で黒い厚紙をはる。箱Bの完成。

 はさみやカッターナイフは、取り扱いにじゅうぶん注意しよう。

⑤ 箱Bにおさまる筒を作る

ポイント
箱Bの1辺より、2mmほど小さくする。

黒い厚紙で、箱Bの内側にすっぽりおさまる大きさの四角い筒を作る。

⑥ トレーシングペーパーをはる

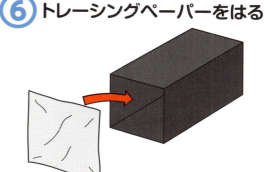

⑤の筒の片側に、スクリーンとなるトレーシングペーパーを接着剤ではる。箱Cの完成。

⑦ 箱A・B・Cを重ねていく

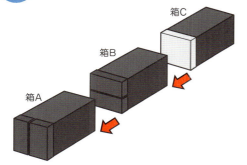

図のように、細いすき間が直角になるように、箱A、Bを重ね、さらにCを重ねていく。

⑧ 箱Aのすき間を縦にする

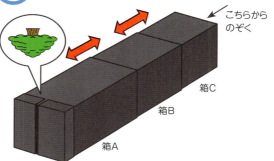

箱Aのすき間を縦にして箱Bをずらすと、景色が横に伸びて見える。その後箱Cを動かして景色の大きさを調節して観察する。

⑨ 箱Aのすき間を横にする

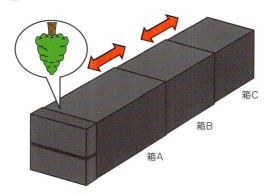

箱Aのすき間を横にして箱Bをずらすと、景色が縦に伸びて見える。その後箱Cを動かして景色の大きさを調節する。

なぜ景色が伸びるの?

直進する性質のある光は、2つのすき間を光が通り抜けるときに、2つ目のすき間の大きさに合わせて広がるため、景色が伸びて見えるんだよ。

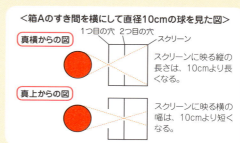

第1章 物質の力を引き出すびっくり実験

どんなふうに見えるの？

作成したピンホールカメラでは、さまざまな物が逆さまになって縦や横に伸びて見えるよ。ここでは、実際にはどのように見えるのか、デジタルカメラで撮影した写真で紹介するよ。

ペットボトル

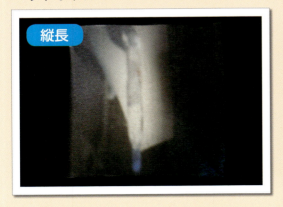

油性ペン

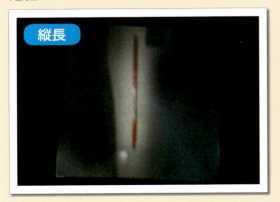

CD

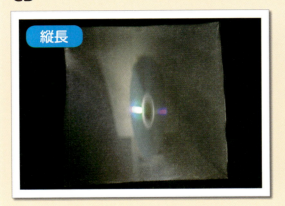
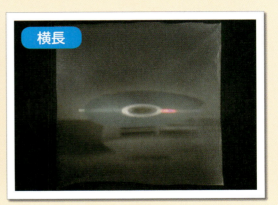

景色が伸びるピンホールカメラ作り

実験の目的

ピンホールカメラは、小学生のときに作ったことがあったが、ちょっと工夫すると景色が伸びるカメラを作ることができると本で知った。景色がゆがんだり伸びたりするようすを実際に確かめてみたいと考えて、作ってみることにした。

用意したもの
牛乳パック（500mLのもの）　筆　黒いアクリル絵の具　黒い厚紙
トレーシングペーパー　はさみ　カッターナイフ　接着剤

作り方

① 牛乳パックや厚紙を使って、図のように3種類の黒い箱A・B・Cを作る。
② すき間が直角になるように箱Aの中に箱Bを入れ、次に箱Bの中に箱Cを入れる。

> それぞれの箱の作り方をイラストで見せても、わかりやすい。

箱C：黒い筒にトレーシングペーパーをはる
箱B：黒い筒に黒い紙をはって1mmのすき間を作る
箱A：黒い紙をはって1mmのすき間を作る／黒い紙をはった牛乳パック（中も黒くぬる）

実験の方法

〈実験1〉
① 箱Aの穴を縦にして景色をのぞいた。
② 箱Bをずらして見た。
③ 箱Cをずらして見た。

〈実験2〉
① 箱Aの穴を横にして景色をのぞいた。
② 箱Bをずらして見た。
③ 箱Cをずらして見た。

実験の結果

> 箱のずらし方など、試してみた方法と結果を書く。

〈実験1〉
① 景色が横に伸びて見えた。
② 箱Aと箱Bのすき間の距離を遠くするほど、××××××。
③ 箱Bのすき間と箱Cのスクリーンの距離を遠くするほど、景色全体が××××。

〈実験2〉
① 景色が縦に伸びて見えた。
② 箱Aと箱Bのすき間の距離を遠くするほど、××××××。
③ 箱Bのすき間と箱Cのスクリーンの距離を遠くするほど、景色全体が××××××。

> 箱の向きは写真やイラストで、見えたようすはイラストでかくなど、結果をわかりやすくまとめる。

> どうしてそう見えたのかを調べたら、結果を図などにして見せてもいいね。

まとめ・感想

すき間を縦にするか横にするかによって、景色が伸びる方向が違うことがわかった。しくみを調べてみて、光が直進するのだと実感した。××××××××××××××××××××××××××××××××。次は、すき間の幅を変えてみたり、箱の大きさを変えてみたりして、景色の見え方がどう違うのか、試してみたいと思った。

| 実験時間 約1時間 | レベル ★★☆ |

実験4　冷蔵庫いらずのアイス作り

写真撮影／小野寺 宏友

塩化ナトリウムと氷を使えば、低い温度を簡単に作り出せるよ。この性質を利用して、冷蔵庫を使わないアイスクリーム作りにチャレンジしてみよう。

用意するもの
- 卵（1個）　●牛乳（300mL）　●はし
- 砂糖（50g）　●バニラエッセンス
- 塩化ナトリウム（食塩。250g）
- 泡立て器　●氷（1kg）　●ボウル
- ステンレスのボウル（大）
- ステンレスの容器（カップなど）
- 温度計　●計量カップ

塩化ナトリウムと氷でアイスクリームを作ろう

① 卵をかき混ぜる

ボウルに卵の黄身だけを入れ、泡立て器でよくかき混ぜる。

② 牛乳を加える

かき混ぜながら、牛乳300mLを少しずつ加える。

③ 砂糖などを加える

砂糖50g、バニラエッセンス数滴、塩化ナトリウム（食塩）を少々加え、かき混ぜる。

④ 容器に入れる

③をステンレスの容器に半分くらいまで入れる。

⑤ 氷と水を入れる

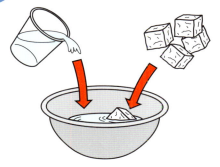

大きなステンレスのボウルに、氷とボウルの1/3くらいの水を入れる。

⑥ 塩化ナトリウムを加える

塩化ナトリウム250gを入れ、はしなどでよくかき混ぜる。

⑦ かき混ぜる

ポイント
うまく固まらないときは、氷と塩化ナトリウムをさらに加える。

ボウルに④のステンレスの容器を入れ、はしで中身をよくかき混ぜる。

⑧ かたまるまで混ぜ続ける

ポイント
氷が溶けている場合は水を少し捨て、氷と塩化ナトリウムを加える。

20分ほど根気よくかき混ぜて、かたまってきたら完成。完成までにかかる時間や、その間の温度変化などについても調べてみる。

❓ なぜかたまるの？

氷は、溶けるときに周囲から熱（融解熱）を奪い、塩化ナトリウムが溶けるときにも、周囲から熱（溶解熱）を奪う。それぞれ熱を奪うことの相乗効果によって、温度が0℃以下に下がり、アイスクリームがかたまるんだよ。

このように2つ以上の性質を混ぜて、低い温度を作るものを「寒剤」という。寒剤にはさまざまな種類がある。この実験で使った塩化ナトリウムと氷では、－20℃くらいまで冷やすことができるんだよ。

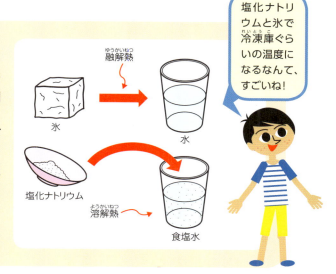

塩化ナトリウムと氷で冷凍庫ぐらいの温度になるなんて、すごいね！

第1章 物質の力を引き出すびっくり実験

塩化ナトリウムと氷でアイスクリームを作る実験

実験の目的

塩化ナトリウムと氷を混ぜると、冷凍庫のように温度が低くなると知った。これなら、冷凍庫に入れなくてもアイスクリームをかためられるらしい。そこで、塩化ナトリウムと氷を使ってアイスクリームを作りながら、温度の変化を調べてみようと思った。

用意したもの

卵(1個)　牛乳(300mL)　砂糖(50g)　バニラエッセンス　塩化ナトリウム(食塩。250g)　泡立て器　氷(1kg)　ボウル　ステンレスのボウル　ステンレスカップ　はし　計量カップ　温度計

作り方

①ボウルに卵の黄身を入れて泡立て器でよくかき混ぜ、牛乳を少しずつ加える。
②①に砂糖、バニラエッセンスを数滴、塩化ナトリウムを少々加えてさらにかき混ぜる。
③②をステンレスカップに半分くらい入れる。
④氷を大きなステンレスのボウルに入れて、ボウルの1/3の水を入れ、塩化ナトリウムを加えてよくかき混ぜる。
⑤④のボウルに③を入れ、はしで中身をよくかき混ぜる。

実験の方法

〈実験1〉
容器の中身をかき混ぜながら、かたまって完成するまでに何分かかるか調べる。

〈実験2〉
完成までの間にボウルの中の温度がどのように変化するか、4分ごとに温度計を使って調べる。

どのくらいまで温度が下がったかな？

実験の結果

〈実験1〉　かき混ぜ始めて、約20分で完成した。
〈実験2〉　20分間の温度変化は次のようになった。

実験開始	4分後	8分後	12分後	16分後	20分後
××℃	××℃	××℃	××℃	××℃	××℃

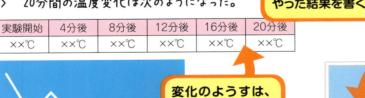

完成時間は条件によって変わるので、やった結果を書く。

変化のようすは、表やグラフで表すとわかりやすい。

完成したアイスクリームを写真で見せよう。

アイスクリームの完成

まとめ・感想

温度計の温度が、塩化ナトリウムを入れて混ぜると、ぐんぐん下がっていったのでびっくりした。その後も、0℃以下が思っていた以上に長く続いた。×××××××××××××××××××××××××××××××。今度は、塩化ナトリウムや氷の割合を変えるとどうなるのか、調べてみても面白そうだと思った。

| 実験時間 | 約1時間 | レベル | ★☆☆ |

卵が浮いてくる!?

実験5

卵は水に沈むけれど、塩化ナトリウムを入れると浮いてくるんだよ。いろいろなものを水に溶かして、卵が浮くかどうか調べてみよう。

用意するもの
- 生卵
- 塩化ナトリウム（食塩）
- 砂糖
- うまみ調味料
- ボウル
- 紙
- はかり
- 計量カップ
- はし

写真撮影／小野寺 宏友

第1章 物質の力を引き出すびっくり実験

塩化ナトリウムで生卵を浮かせよう

① 塩化ナトリウムをはかる

ポイント
塩化ナトリウムの重さをはかるときは、下にしく紙の重さを引いておこう。

はかりに紙をのせ、その上に塩化ナトリウム（食塩）をのせて150gはかり取る。

② 水と卵を入れる

ボウルに水を1L入れてから、その中に生卵を入れる。

③ 塩化ナトリウムを加えていく

塩化ナトリウムを少しずつ（約10gずつ）加えて、よくかき混ぜる。

④ 塩化ナトリウムを加えるのをやめる

卵が浮きはじめたら塩化ナトリウムを加えるのをやめる（塩化ナトリウムが溶け残らないように）。

⑤ 塩化ナトリウムの重さをはかる

はかりで、残った塩化ナトリウムの重さをはかる。

⑥ 溶かした塩化ナトリウムを計算する

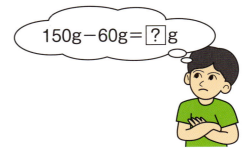

150g − 60g = ? g

何gの塩化ナトリウムを溶かしたときに卵が浮いたかを、計算する。

塩化ナトリウム以外のもので卵を浮かせよう

① いろいろなものを用意する

砂糖、うまみ調味料などを用意する。

② 溶かして試す

卵を水に入れて、それぞれの物質を少しずつ加えながら、卵が浮くかどうか、何g溶かしたら浮くかを確認する。

❓ なぜ浮くの?

物質1cm³あたりの重さを、その物質の密度というよ。水の密度は、$1g/cm^3$で、生卵の密度は約$1.09g/cm^3$。卵のように、密度が水よりも高い物質は、水に沈むけど、さまざまなものを水に溶かして水溶液を作ると、できた水溶液の密度は溶かせば溶かすだけ高くなるんだ。そして、水溶液の密度が生卵の密度よりも高くなったとき、卵は浮きはじめるんだよ。

いろいろな物質の密度

- アルミニウム $2.69g/cm^3$
- 鉄 $7.86g/cm^3$
- 水(4℃) $1g/cm^3$
- 空気 $0.0012g/cm^3$
- エタノール $0.79g/cm^3$

卵以外のものでも、浮かせることができるのかな?

卵を浮かせる実験

実験の目的
水に沈む生卵やじゃがいもは、塩化ナトリウムを加えると浮かせることができると知った。そこで、どのくらいの量の塩化ナトリウムを溶かしたら浮いてくるのか、試してみようと思った。塩化ナトリウム以外の物質を入れても、同じように浮くのかも調べてみることにした。

用意したもの
紙　計量カップ　生卵　はし　塩化ナトリウム(食塩)　砂糖　うまみ調味料　ボウル　はかり

実験の方法
① はかりで、塩化ナトリウムを150gはかり取る。
② ボウルに水を1L入れ、生卵を入れる。
③ 塩化ナトリウムを少しずつ加えながらよくかき混ぜる。
④ 卵が浮きはじめたら塩化ナトリウムを加えるのをやめ、残った塩化ナトリウムの重さをはかって、何gの塩化ナトリウムを溶かしたときに浮いたかを調べる。
⑤ 砂糖、うまみ調味料を使い、同じ方法で卵が浮いたときに溶けた量を調べる。

文字で説明するだけではなく、実験のようすをイラストで見せるといい。

実験のようす

実験の結果
塩化ナトリウムを加えはじめると、途中から少しずつ卵が浮いてきた。××。

加えたもの	1個目	2個目
塩化ナトリウム	××g	××g
砂糖	××g	××g
うまみ調味料	××g	××g

それぞれ、卵が浮いてきたときの量を、表でまとめるとわかりやすい。

それぞれどのくらいで浮きはじめたかな?

まとめ・感想
塩化ナトリウムを加えていくと、途中から卵が浮かんできた。加えるものを変えて試したが、それぞれ1個目と2個目で違う結果が出た。卵は1つ1つの密度が微妙に違うそうなので、そのせいかもしれない。××××××××××××××××××××××××××××××。今回は、加えるものを変えて試してみたので、次はじゃがいもやうずらの卵など浮かせるものを変えて試してみたいと思う。

| 実験時間 約2時間 | レベル ★☆☆ |

実験6 糸電話で聞いてみよう

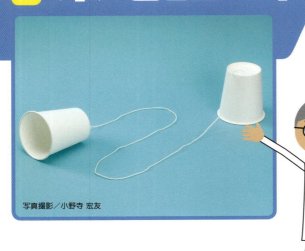

写真撮影／小野寺 宏友

糸と紙コップでできる糸電話。使う糸を変えると、聞こえ方も変わるのかな？いろいろな糸を使って調べてみよう。

用意するもの
- 紙コップ(数個)
- 糸　●つまようじ
- 毛糸　●つり糸
- はり金(直径0.2～0.3mmのもの)
- セロハンテープ
- 千枚通し　●はさみ

糸を変えて聞こえ方を比べよう

① 紙コップを取りつける

紙コップの底に穴を開けて糸を通し、糸の先に短く切ったつまようじを結びつける。そのつまようじをコップの底にセロハンテープではる。

② 反対側にも取りつける

糸の反対側にも、同じように紙コップをとりつける。

③ 会話をする

糸をピンとはり、会話をして音の聞こえ方を調べる。

④ いろいろな糸で比べる

いろいろな糸やはり金で糸電話を作り、音の聞こえ方を比べてみる。

⚠ はさみや千枚通しは、取り扱いにじゅうぶん注意しよう。

実験時間　約2時間　レベル ★☆☆

不思議な糸電話を作ろう

実験7

音を伝えるのは、糸だけなのかな？糸の間にいろいろなものをはさみながら、音の聞こえ方を比べてみよう。

用意するもの
- 紙コップ(数個)
- 千枚通し
- 糸
- つまようじ
- クリップ
- はさみ
- はり金(直径0.5〜0.8mmのもの)
- 風船
- セロハンテープ
- 太めのペン

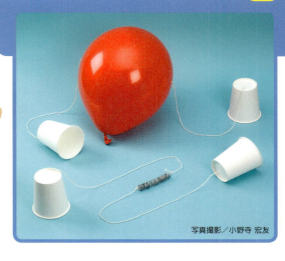

写真撮影／小野寺 宏友

第1章　物質の力を引き出すびっくり実験

糸以外のものをはさんで糸電話を作ろう

① 糸電話を作る

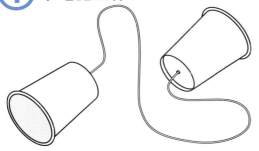

実験6 と同じ方法で糸電話を作る。

② 糸電話にクリップをつける

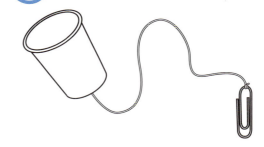

片側にだけコップを取りつけた糸電話を作り、反対側にクリップを結びつける。

③ 3人で会話をする

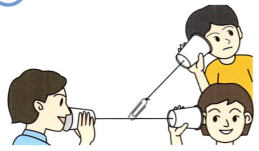

クリップを①の糸電話に引っかけ、糸をピンとはって3人で会話をし、音の聞こえ方を調べる。

④ ばねを作る

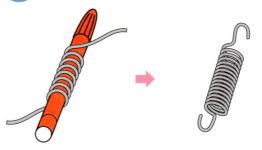

はり金を太めのペンに50回ぐらい巻きつけてばねを作り、ばねの両端(りょうはし)をU字型に曲げる。

❗ はさみや千枚通しは、取り扱いにじゅうぶん注意しよう。

27

⑤ ばねを結びつける

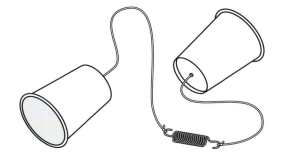

片側にだけコップを取りつけた糸電話を2つ作り、ばねの両端に結びつける。

⑥ 会話をする

糸をピンとはり、会話をして音の聞こえ方を調べる。

⑦ クリップで試す

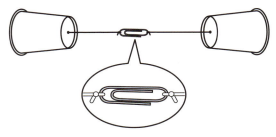

⑤と同じように真ん中にクリップを結びつけ、会話をして音の聞こえ方を調べる。

⑧ 風船などで試す

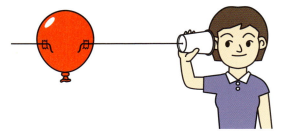

糸の端をセロハンテープで風船にはりつけ、会話をして音の聞こえ方を調べる。そのほかにもいろいろなものを間にはさんで、音の聞こえ方を比べてみる。

❓ なぜ音が聞こえるの？

音は、空気の振動によって伝わる。空気だけではなく、固体でも液体でも振動するものがあれば伝わるんだよ。口から出た音は、コップの底に伝わりコップの底を振動させる。この振動が糸に伝わり、相手のコップで再び音を伝える空気の振動に変わることで会話ができるんだよ。

振動の伝わり方は糸の材質によって微妙に違うため、聞こえる音も違ってくる。ばねを使った糸電話では、ばねの両端で振動が反射して何度も伝わるので、音にエコーがかかって聞こえるよ。

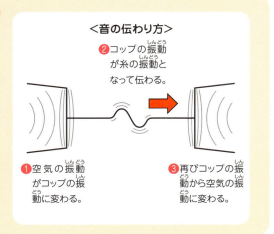

＜音の伝わり方＞
❶ 空気の振動がコップの振動に変わる。
❷ コップの振動が糸の振動となって伝わる。
❸ 再びコップの振動から空気の振動に変わる。

糸電話の実験

実験の目的

弟が学校の工作で作った糸電話を使って話してみたが、糸を通じて聞こえる声は、いつも聞いている弟の声とは少し違っている気がした。そこで、いろいろな糸で糸電話を作って、聞こえ方の違いを比べてみることにした。

用意したもの

紙コップ(数個)　糸　つまようじ　毛糸　つり糸　はり金(直径0.2〜0.3mmのもの、直径0.5〜0.8mmのもの)　はさみ　クリップ　風船　セロハンテープ　太めのペン　千枚通し

実験の方法

〈実験1〉
いろいろな糸やはり金で糸電話を作り、音の聞こえ方を比べる。

〈実験2〉
糸電話の間にばねやクリップ、風船などを取りつけて、音の聞こえ方を比べる。

毛糸　　つり糸　　はり金　　　　ばね　　クリップ　　風船

> それぞれの実験でどんなものを使ったのか、イラストでも見せる。

実験の結果

〈実験1〉
糸…×××××××××××××××××××××××。
毛糸…××××××××××××××××××××××。
つり糸…×××××××××××××××××××××。
はり金…××××××××××××××××××××。

〈実験2〉

ばね	クリップ	風船
×××××××××× ×××××××××× ×××××××××× ××××××××。	×××××××××× ×××××××××× ×××××××××× ×××××××××。	×××××××××× ×××××××××× ×××××××××× ××××××××。
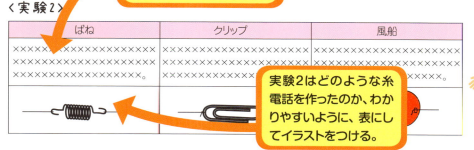		

> 実験1、2ともに、よく聞こえたか聞こえなかったか、ということだけではなく、ぼそぼそ聞こえたなど、イメージできるように伝える。

> 音を録音したものをレポートにつけてもいいね。

> 実験2はどのような糸電話を作ったのか、わかりやすいように、表にしてイラストをつける。

まとめ・感想

実験1では、糸の種類によって音がぜんぜん違って聞こえることに驚いた。××。
実験2では、特にばねを使った糸電話の音が、エコーがかかって面白かった。×××××××××××××××××××××××××××××××××××。
糸電話を使ってどのくらい遠くの人と話ができるのか、試してみたいと思った。

| 実験時間 約2時間 | レベル ★★★ |

実験8 紙皿から音を響かせよう！

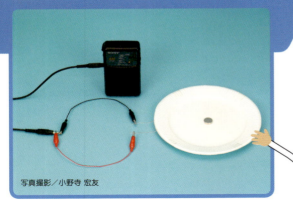

写真撮影／小野寺 宏友

スピーカーはどうして音が響くのかな？磁石とコイルを使えば、簡単にスピーカーができるよ。紙皿でスピーカーを作ってみよう。

用意するもの
- 紙皿（2枚）
- 紙やすり
- 丸型の磁石
- 導線
- ラジオ
- 接続コード（両端がモノラルのミニプラグになっているもの）
- ミノムシクリップがついた導線（2本）
- セロハンテープ
- 紙コップやプラスチックのコップ（各2個）

コイルと磁石で紙皿スピーカーを作ろう

① 導線でコイルを作る

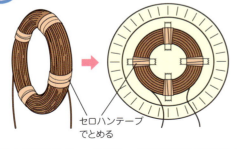

セロハンテープでとめる

導線を直径約5cmに50～100回巻いてコイルを作り、セロハンテープで紙皿にはりつける。

② 紙皿の真ん中に磁石をはる

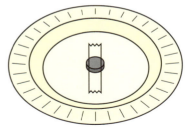

もう一枚の紙皿の真ん中にセロハンテープで、磁石をはる。

③ 紙皿を重ねる

ポイント
お皿から出た導線は、紙やすりでこすっておく。

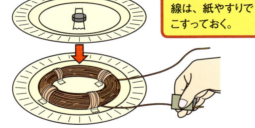

コイルをはった紙皿の上に磁石をはった紙皿を重ね、セロハンテープではり合わせる。

④ イヤホン端子に接続コードをつなぐ

モノラルタイプ

ラジオのイヤホン端子に接続コードをつなぐ。

⑤ 接続コードに導線をつなぐ

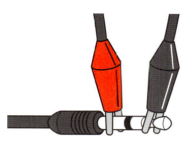

接続コードの先端に、ミノムシクリップのついた導線を図のようにつなぐ。

⑥ ミノムシクリップをコイルにつなぐ

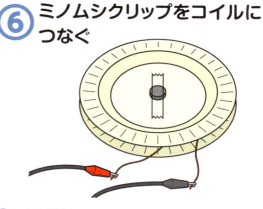

⑤の反対側のミノムシクリップを、コイルの両端につなぐ。

⑦ ラジオのスイッチを入れる

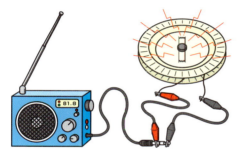

ラジオのスイッチを入れてボリュームを少しずつ上げると、紙皿スピーカーから音が鳴りはじめる。音が小さいときは、より大きな音が出るコンポにつないだり、強い磁石に変えたりする。

⑧ コップでスピーカーを作る

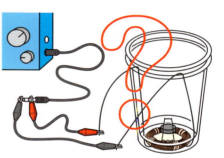

紙コップやプラスチックのコップなどでも同じようにスピーカーを作って、音の違いを比べてみよう。

コイルを巻く回数を変えると、聞こえる音に変化が出るのかな？

紙皿やコップ以外にも音が出るものを探してみたいな。

❓なぜ音が出るの？

磁石のまわりには磁界がある。磁界の中で電流が流れると、その強弱に応じてコイルが磁界から力を受ける。電流となっている音の信号は常に大きさや向きが変化しているので、コイルが受ける力もそれに合わせて絶えず変化し、それによってコイルと磁石は細かく振動する。この振動が紙皿をふるわせ、空気の振動（音）となって私たちの耳に聞こえるんだよ。

電流と磁界、力の方向は「フレミングの左手の法則」という法則で知ることができるよ。この法則を使って、例えば電流と磁界の方向がわかれば、力の方向を知ることができるんだ。みんなも左手の指を写真のように広げて、電流、磁界、力の方向を確認しよう！

力 F ／ 磁界 B ／ 電流 I

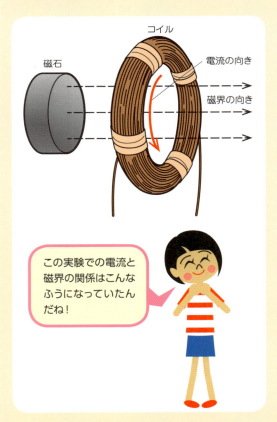

磁石／コイル／電流の向き／磁界の向き

この実験での電流と磁界の関係はこんなふうになっていたんだね！

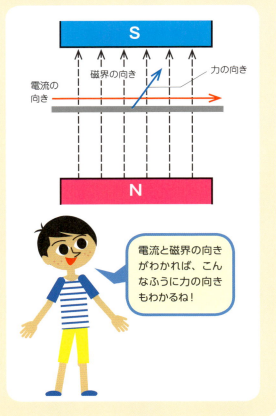

S／N／電流の向き／磁界の向き／力の向き

電流と磁界の向きがわかれば、こんなふうに力の向きもわかるね！

紙皿でスピーカーを作る実験

実験の目的

スピーカーはどうして鳴るのか調べたところ、コイルと磁石、振動する紙などでできていることを知った。そこで、紙皿や紙コップなど、身近な材料を使ってもスピーカーができるのではないかと考えて、作ってみることにした。

用意したもの
紙皿　紙コップ　磁石　導線　紙やすり　ラジオ　接続コード(両端がモノラルのミニプラグになっているもの)　ミノムシクリップがついた導線(2本)　セロハンテープ

作り方

① 導線を50回巻いてコイルを作る。
② 2枚の紙皿に、それぞれコイルと磁石をはりつける。
③ ②の紙皿を、コイルの紙皿を下にして重ね、セロハンテープではりつける。
④ ミノムシクリップのついた導線を使って、ラジオにつないだ接続コードと紙皿のコイルをつなぐ。

> 説明だけより、写真やイラストを入れると見やすくなるよ。

> 完成した紙皿のスピーカーをわかりやすいように、写真やイラストで見せる。

実験の方法

〈実験1〉
ラジオのスイッチを入れてボリュームを上げ、どんな音が出るか聞いてみる。

〈実験2〉
コイルの巻く回数を変えて、それぞれの音の大きさや音色を比べてみる。

〈実験3〉
紙皿を紙コップに変えて、それぞれの音の大きさや音色を比べてみる。

> 紙皿を触って、その振動の差について比べてみるのも面白いね。

実験の結果

〈実験1〉
ラジオを鳴らすと、××××××××××××××××××××××。

〈実験2〉

30回	×
40回	××××××
60回	××××××。
80回	×××××。

> コイルを巻く回数でどんな差があったか、表にするとわかりやすい。

〈実験3〉
ラジオを鳴らすと、×××××××××××××

> 実験1と3で、音に差があれば、書くようにする。

まとめ・感想

紙皿から音が出たときには感動した。また、紙皿と紙コップによって、聞こえる音が×××××××××××××××××××××××××××××。
実験後に、接続コードにモーターをつないで壁などに押しつけても、音が聞こえると本に書いてあったのを見つけたので、次の機会に試してみたいと思う。

実験時間 約2時間 ｜ レベル ★★★

実験9 静電気でコップをまわそう

静電気には、ものを動かす力もあるんだよ。アルミ缶とアルミホイルを使って、動くモーターを作ってみよう。

用意するもの
- プラスチックのコップ　●カッターナイフ
- 洋服用のスナップ（凸型のもの）　●アルミテープ（1cm幅のもの）　●画びょう
- 大きい消しゴム（2個）　●クリップ（2個）
- アルミ缶（2個）　●アルミホイル　●ポリ袋
- ポリ塩化ビニルのパイプ（直径2〜3cmのもの。ホームセンターで売っている）
- キッチンペーパー　●きり　●両面テープ

写真撮影／中島 隆

静電気で動くモーターを作ろう

① コップにスナップを取りつける

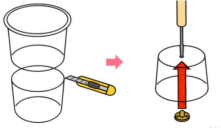

コップの底から4cmくらいのところを切り、真ん中にきりで穴を開ける。その穴に内側から凸型のスナップを取りつける。

② アルミテープをはる

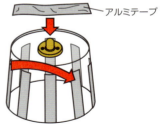

スナップをアルミテープで固定し、コップの外側に、幅1cmのアルミテープを8枚縦にはる。

③ 消しゴムの上にコップをのせる

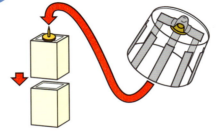

消しゴムを両面テープで縦に2個重ね、いちばん上に画びょうをはりつける。これに②のスナップ部分をのせる。

④ クリップをアルミ缶にはる

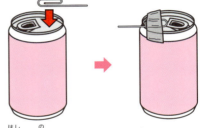

一方の端を伸ばしたクリップを、アルミ缶の上にアルミテープではりつける。これをもう1つ作る。

⚠ カッターナイフやきりは、取り扱いにじゅうぶん注意しよう。

⑤ アルミホイルをしく

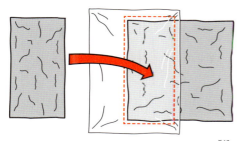

15×15cmのアルミホイルの半分にポリ袋をのせ、その上に7×15cmのアルミホイルをのせる。アルミホイルどうしは直接触れないようにする。

⑥ コップと消しゴムを真ん中に置く

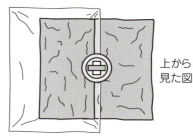

上から見た図

コップと消しゴムをアルミホイルの真ん中に置く。

⑦ アルミ缶を配置する

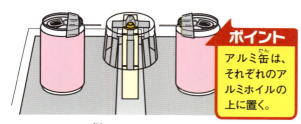

ポイント
アルミ缶は、それぞれのアルミホイルの上に置く。

2つのアルミ缶を、クリップの先がコップにはったアルミテープのすぐ近く（すき間が1〜2mmくらい）になるように置く。

⑧ パイプをアルミ缶に近づける

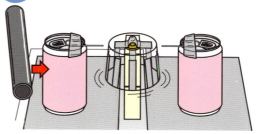

ポリ塩化ビニルのパイプをキッチンペーパーでよくこすり、ポリ袋をしいたほうのアルミ缶に近づけると、コップがまわる。

❓ なぜ回転するの？

　ポリ塩化ビニルのパイプをキッチンペーパーでこすると、パイプにマイナスの電気を帯びた電子がたまる。これをアルミ缶Aに近づけると、電子がアルミ缶Aに移動し（❶）、アルミホイルCに蓄えられる。それと同時に、そこからクリップを通してコップにはったアルミテープに伝わる（❷）。すると、クリップとアルミテープの電子が反発しあい、コップが回転するんだよ。

　アルミテープの電子は、反対側のクリップからアルミ缶Bへ（❸）、その下にしいたアルミホイルDへと伝わり（❹）、机に逃げる。これを繰り返すことで、コップが回転し続けるんだ。このモーターは、フランクリンモーターと呼ばれているよ。

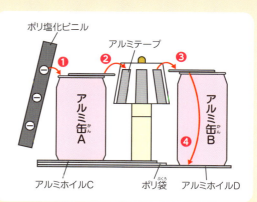

第1章　物質の力を引き出すびっくり実験

静電気で動くモーター作り

実験の目的
金属に触ったときにパチッとくる静電気は、電気とはいってもそれほど意味がないものだと考えていた。しかし、コピー機など、静電気を利用した電化製品があると知り、静電気の力に興味がわいた。そこで、静電気で動くモーターを作ってみたいと思った。

用意したもの
プラスチックのコップ　洋服用のスナップ(凸型のもの)　1cm幅のアルミテープ　画びょう　消しゴム(2個)　クリップ(2個)　アルミ缶(2個)　アルミホイル　ポリ袋　ポリ塩化ビニルのパイプ　キッチンペーパー　きり　両面テープ　カッターナイフ

作り方
① 切ったコップの底の真ん中に穴を開け、凸型のスナップを取りつけ、アルミテープで固定する。
② コップの外側に幅1cmのアルミテープを8枚縦にはる。
③ 2個重ねた消しゴムの上に画びょうをはり、その上にコップの底のスナップ部分をのせる。
④ 一方を伸ばしたクリップを、アルミ缶の上にアルミテープではりつける。これを2個作る。
⑤ 15×15cmのアルミホイルの半分にポリ袋をのせ、その上に7×15cmのアルミホイルをのせる。
⑥ ③を、大きいアルミホイルの真ん中に置く。
⑦ 2つのアルミ缶を、クリップの先がコップにはったアルミテープのすぐ近く（1〜2mmくらい）になるように置く。
　※1つはアルミホイルの上に、もう1つはポリ袋の上のアルミホイルに置く。

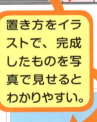

> アルミホイルの置き方などは、側面から見た図がわかりやすいよ。

> 置き方をイラストで、完成したものを写真で見せるとわかりやすい。

実験の方法
ポリ塩化ビニルのパイプをキッチンペーパーでよくこすり、片方のアルミ缶にゆっくりと近づける。

実験の結果
ポリ塩化ビニルのパイプを近づけると、コップがまわりはじめた。××××××
×××××××××××××××。

×秒	××××××。
×秒	××××××。
×秒	××××××。

> まわるようすや回転の方向、パイプを離してどのくらいまわったかなどをまとめよう。

> 何度か確認をしたようすを表にするとわかりやすいね。

まとめ・感想
実際にコップがくるくるまわりはじめて、びっくりした。とまりそうになっても、またパイプを近づけると再びまわりはじめた。電気が流れているのだと思うと面白く感じた。
×××××××××××××××××××××××××××××
××××××。

実験時間　約2時間　　レベル　★☆☆

ふりこの法則を調べよう　実験10

50円玉のふりこをゆらそう。ゆれ方に法則はあるのかな？　糸の長さや重さを変えるなど、いろいろな方法で調べてみよう。

用意するもの
- たこ糸
- 50円玉(9個)
- 角材(1辺が1cmくらいのもの)
- いす(2脚)
- 両面テープ
- はさみ　●分度器

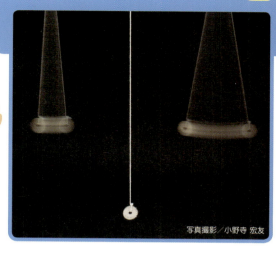

写真撮影／小野寺 宏友

糸の長さを変えてふりこをゆらそう

① 角材をテーブルに固定する

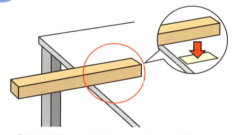

テーブルなどに、両面テープで角材をしっかり固定する。

② 長さの違うふりこを作る

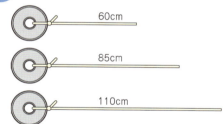

たこ糸の先に50円玉を結びつけてから、60cm、85cm、110cmに切ってふりこを作る。

③ ふりこをゆらして時間をはかる

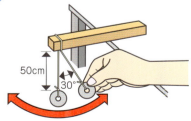

60cmのふりこを、糸の長さが50cmになるように角材に結びつける。30°くらいの角度から離して、ふりこが10往復するのにかかる時間をはかる。

④ ほかのふりこも時間をはかる

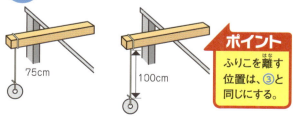

ポイント
ふりこを離す位置は、③と同じにする。

同じように85cm、110cmのふりこを、糸の長さがそれぞれ75cm、100cmになるように角材に結びつけ、10往復するのにかかる時間をはかる。

重さを変えてふりこをゆらそう

① 重さの違うふりこを作る

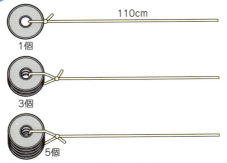

たこ糸を用意し、それぞれの先に50円玉を1個、3個、5個結びつけ、それぞれ110cmに切る。

② ふりこをゆらして時間をはかる

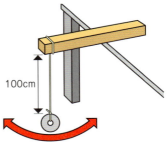

3本のふりこを、糸の長さが100cmになるように角材に結びつけ、10往復するのにかかる時間をはかる。

長さの違うふりこを一緒にゆらそう

① 長さ違いのふりこを糸に結ぶ

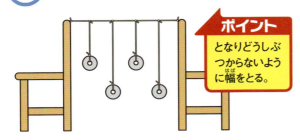

ポイント となりどうしぶつからないように幅をとる。

2つのいすの間に糸をはり、糸の長さが40cmのふりこを2つ、60cmのふりこを2つ、図のように結びつける。

② ふりこを1つゆらす

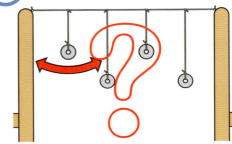

40cmのふりこを1つゆらし、ゆれ方を観察する。

ゆれ方に法則はあるの？

ふりこは、おもりの重さやゆれる幅に関係なく、糸の長さによってゆれるのにかかる時間（周期）が決まるよ。

また、ひもに同じ長さのふりこを2つ結びつけて一方をゆらすと、そのゆれがひもを伝わって、もう一方のふりこもゆれはじめる（ふりこの共振）。このふりこのゆれが大きくなると、最初のふりこのゆれは小さくなる。これは、最初のふりこの運動エネルギーが、もう一方のふりこに移動するからだよ。

この現象は、同じ長さのふりこどうしだけで起こり、糸の長さが違うふりこどうしでは起こらないんだよ。

長さが違うと、ゆれが伝わらない、というのは不思議だね。

ふりこをゆらす実験

実験の目的

ふりこ時計は、ふりこの往復運動だけで正しい時間をはかっていることに興味がわいた。そこで、ふりこのゆれ方にどんな規則性があるのか、調べることにした。

用意したもの
たこ糸　50円玉(9個)　角材(1辺が1cmくらいのもの)　両面テープ　いす　はさみ　分度器

実験の方法

〈実験1〉
図のような異なる長さのふりこを作って、長さによって10往復する時間がどのように違うかを調べた。

〈実験2〉
おもりの重さが異なるふりこを作って、10往復する時間がおもりの重さによってどのように違うかを調べた。

〈実験3〉
ひもに2種類の長さのふりこを2本ずつ結びつけ、1本をゆらしたときにそのゆれがどのように伝わるかを調べた。

実験1〜3のやり方を、文章だけではなく、イラストでも見せる。

ふりこをつるしたようすを、横から見た図にすると見やすいよ。

実験の結果

下のような結果になった。

〈実験1〉

50cm	××××××××××。
75cm	××××××××××。
100cm	××××××××××。

実験1、2のふりこのかかった時間を、表でまとめる。

〈実験2〉

50円玉1個	×××××××××××。
50円玉3個	×××××××××××。
50円玉5個	×××××××××××。

→ ××××××××××××
×××××××××××
××××××××。

実験1と2を比べて気づいたことがあれば、書こう。

〈実験3〉
一番左のふりこをゆらすと、××××××××××××××
××××××××××××××。

まとめ・感想

ふりこの長さの違いによって、往復するのにかかる時間が違った。重さが違っても糸の長さが同じだと、××××××××××××××××××××××。
次は、おもりから手を離す位置を変えたり、重さの差をもっとつけたりして、ふれ幅がどのように変化するかも調べたいと思う。

実験時間　約2時間　　レベル　★★★

実験11 画びょうで作る静電気ふりこ

写真撮影／上林 徳寛

アルミ缶と画びょうを使って、ひとりでに動く不思議なふりこを作ってみよう。カンカンと音を立てながら、ものすごい勢いで動くよ。

用意するもの
- アルミ缶(3本)
- 発泡スチロールの板
- ストロー(2本)　●糸
- 画びょう　●食品用ラップ
- 紙やすり　●セロハンテープ

装置を作ってふりこを動かそう

① アルミ缶の表面をけずる

2本のアルミ缶の真ん中の表面を紙やすりでけずり、金属の部分を出す。

② アルミ缶を置く

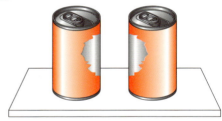

5cm程度間をあけ、けずった部分を向かい合わせにし、静電気が逃げないように発泡スチロールの上に置く。

③ ふりこを作る

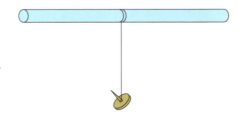

ストローの真ん中に糸を結びつけ、糸の先に画びょうを結びつける。

④ ふりこを置く

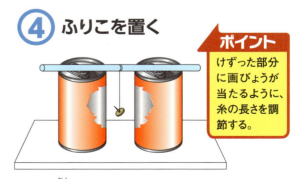

ポイント　けずった部分に画びょうが当たるように、糸の長さを調節する。

アルミ缶の間に画びょうをぶら下げる。

⚠ 画びょうは取り扱いにじゅうぶん注意しよう。

⑤ 電気をためる装置を作る

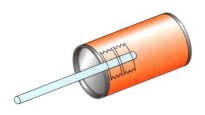

もう1本のアルミ缶にセロハンテープでストローを取りつける。

⑥ 静電気をためる

ポイント
アルミ缶に触ると静電気が逃げるので注意する。

ストローを持って何度もアルミ缶にラップを巻きつけてはがし、アルミ缶に静電気をためる。

⑦ 静電気を移動させる

静電気がたまったアルミ缶で、発泡スチロールの上のアルミ缶に触れる。

⑧ ふりこがふれる

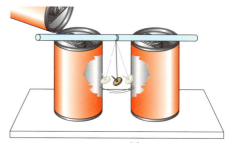

画びょうが左右のアルミ缶に当たりながら、勢いよくふれはじめる。

なぜふりこがふれるの？

ラップをアルミ缶に巻きつけると、アルミ缶に静電気がたくわえられる。このアルミ缶で発泡スチロールの上に置いたアルミ缶❶に触れると、静電気がアルミ缶❶に移動する。すると、静電気を帯びていない画びょうが静電気を帯びているアルミ缶❶に引きつけられ、静電気が画びょうに移動するよ。静電気を帯びた画びょうは、今度はアルミ缶❷に引きつけられ、静電気がアルミ缶❷に移動する。この現象は、アルミ缶❶とアルミ缶❷の静電気の量が等しくなるまで繰り返されるよ。

①静電気がアルミ缶❶に移動する
②静電気がアルミ缶❶から画びょうに移動
③静電気が画びょうからアルミ缶❷に移動する
※①〜③が繰り返される

静電気でふりこを動かす実験

実験の目的
こすった下敷きが髪の毛を引きつけることでもわかるように、静電気を帯びているものは静電気を帯びていないものを引きつける性質がある。そこで、この性質を利用して、静電気ふりこを作ってみようと思った。

用意したもの
アルミ缶(3本)　発泡スチロールの板　ストロー(2本)　糸　画びょう　食品用ラップ
紙やすり　セロハンテープ

作り方
① 表面をけずった2本のアルミ缶を、けずった部分が向かい合わせになるように発泡スチロールの板の上に置く。
② ストローの中央に画びょうをぶら下げ、2本のアルミ缶の上に置く。
③ ストローを取りつけたアルミ缶に何度もラップを巻いてはがす。

静電気をたくわえる装置
ストローを持ち、ラップを使って静電気をためる。
ストロー　画びょう
アルミ缶　アルミ缶　発泡スチロール

> 実験装置をイラストで紹介するとわかりやすい。

実験の方法
〈実験1〉
静電気を帯びた③のアルミ缶で発泡スチロールの上のアルミ缶に触れる。
〈実験2〉
ラップを巻きつける回数を変えて、画びょうがふれる時間を調べた。

> すごい勢いだ！

実験の結果
〈実験1〉
画びょうがカンカンと左右のアルミ缶に当たりながら、勢いよくふれた。
〈実験2〉
下の表のようになった。

> 表でわかりやすく説明する。

巻きつけた回数	10回	20回	50回	100回
動いた時間	×秒	×秒	×秒	×秒

まとめ・感想
思っていた以上に勢いよくふれたのでびっくりした。ラップを巻きつける回数が少ないとふれる時間は短いが、××××××××××××××××ことがわかった。

放射線を見てみよう 実験12

実験時間 約2時間　レベル ★★★

高速で空気中をただよう原子などの一部「放射線」。簡単な観測装置で、放射線を見ることができるんだ。

用意するもの
- ガラス容器（直径10cm、深さ7cm程度）
- スポンジテープ（ホームセンターで売っている）　●黒い画用紙　●コーヒーフィルター
- 発泡スチロール（ガラス容器が入る大きさのもの）
- ドライアイス（スーパーマーケットなどでもらえる）
- 消毒用アルコール（99.5％のもの。薬局で売っている）　●ガムテープ
- のり（木工用ボンドやスティックのりなど）
- カッター　●輪ゴム　●コップ　●スポイト
- 黒い消しゴム　●下敷き　●掃除機
- 透明な板（CDケースなど）

写真撮影／上林 徳寛

第1章　物質の力を引き出すびっくり実験

観測装置を作って放射線を観察しよう

① スポンジテープをはる

ガラス容器の口から少し下の内側にスポンジテープをはりつけ、容器の底に黒い画用紙をしく。

> スポンジテープは、あとでアルコールをしみこませるから、しっかりはっておこう。

② 発泡スチロールの箱を作る

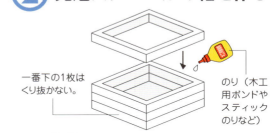

一番下の1枚はくり抜かない。
のり（木工用ボンドやスティックのりなど）

切った発泡スチロールを重ねてはりつけ、ガラス容器をはめこむ箱を作る。

> 発泡スチロールは、一番下の1枚以外は容器の大きさに合わせて中をくり抜くよ。

> 容器が8分目まで入るように発泡スチロールを重ねる枚数を調整しよう。

 はさみやカッターナイフは、取り扱いにじゅうぶん注意しよう。

③ 掃除機にフィルターを付ける

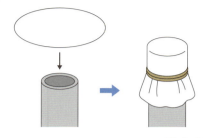

コーヒーフィルターを丸く切り、掃除機のホースの先に輪ゴムでしっかりと固定する。

④ 空気を吸いこむ

ポイント
もし「弱」があるときは「弱」にし、熱くなったら数分間止めてまた動かすという作業を繰り返す。

掃除機のスイッチを入れ、20分ほど動かして部屋の中の小さな物質をフィルターに集める。

⑤ ドライアイス、容器を入れる

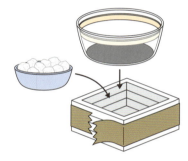

発泡スチロールの箱の外側をガムテープで補強し、底にドライアイスを箱全体に厚さ2cmほど入れて上からガラス容器をはめこむ。

⑥ アルコールをしみこませる

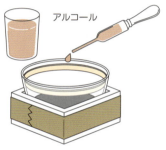

スポイトを使って、スポンジテープに消毒用アルコールをたっぷりしみこませる。

⑦ フィルターを置く

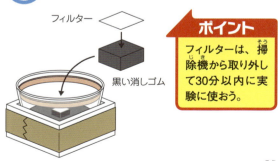

ポイント
フィルターは、掃除機から取り外して30分以内に実験に使おう。

1×1cmぐらいに切った黒い消しゴムに、掃除機から外して1×1cmに切ったフィルターをのせ、装置の中に置く。

⑧ 観察する

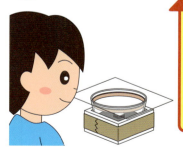

ポイント
ときどき髪の毛などでこすった下敷きを近づけると、静電気で霧の発生をじゃまする余分なイオンを取り除くことができる。

透明な板でふたをして、フィルターから出る放射線で細長い霧の線ができるようすを上から観察する。数十秒〜数分に1本ぐらいの割合で観察できる。

! ドライアイスに直接さわると、手が凍傷になったりするので、必ず手袋をつけて触るようにしよう。

なぜ放射線が見えるの？

ここで見える霧の線は、アルファ線やベータ線といった放射線が原因。放射線は大量に浴びると危険だが、空気中にも放射線を出す物質がごくわずかにただよっている。そのため、掃除機に取りつけたフィルターにも放射線物質がつくんだ。

装置の中には、気体になったアルコールがただよっている。フィルターから出た放射線が空気の粒などに当たると、それらの粒はイオンという電気を帯びた状態になる。すると、気体の状態でただよっていたアルコールがイオンを核にして集まり、霧状の液体になる。そのため、放射線が通った場所にアルコールの霧ができるんだ。

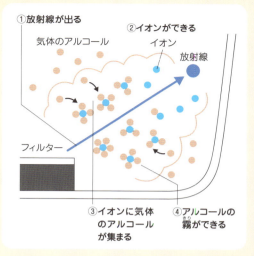

①放射線が出る　②イオンができる
③イオンに気体のアルコールが集まる　④アルコールの霧ができる

> この実験では、アルファ線とベータ線という放射線を見ることができるんだ！

> うわぁ、すごい！

アルファ線

画像提供：有限会社ラド、日本科学未来館

「アルファ線」とは、不安定な原子が崩壊するときに飛び出るアルファ粒子の流れのこと。アルファ粒子は、プラスの電気を帯びた陽子2つと、電気を帯びていない中性子2つでできている。

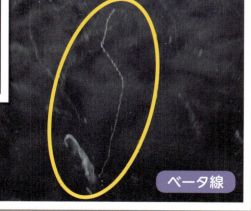

ベータ線

「ベータ線」とは、不安定な原子から高速で飛び出る電子の流れのこと。電子なので、マイナスの電気をもっている。

画像提供：有限会社ラド、日本科学未来館

第1章　物質の力を引き出すびっくり実験

放射線を観察する実験

実験の目的
空気中には、ごくわずかだが放射線を出す物質がただよっているそうだ。本で調べてみると、アルコールとドライアイスを使った実験装置で、この放射線を見ることができるとのことだった。そこで、自分で実験装置をつくり、実際に放射線を見てみることにした。

用意したもの
ガラス容器　スポンジテープ　発泡スチロール　黒い画用紙　コーヒーフィルター
ドライアイス　消毒用アルコール(99.5%のもの)　ガムテープ　のり　カッター　輪ゴム
コップ　スポイト　黒い消しゴム　下敷き　掃除機　透明な板(CDケース)

作り方
① ガラス容器の口の部分にスポンジテープをはり、容器の底に黒い画用紙をしく。
② 発泡スチロールで①の容器が入る箱を作る。
③ コーヒーフィルターを丸く切り、掃除機の先につけて吸いこみ、空気中の物質を集める。
④ ②の箱にドライアイスを入れ、①のガラス容器をはめこむ。
⑤ スポンジテープにアルコールをたっぷりしみこませる。
⑥ 小さく切った③のフィルターをのせた黒い消しゴムを容器の中に置き、透明な板でふたをする。

実験のようすがわかりやすいように、イラストや写真をつける。

実験の方法
放射線によってアルコールの霧が線のように現れるようすを、装置の上から観察する。見えにくいときは、静電気を帯びた下敷きを近づける。

実験の結果
右の写真のようになった。

写真がうまくとれなかったら、イラストにしよう。

放射線の種類によって、見え方が違うんだね！

まとめ・感想
最初はうまく観察することができなかったが、静電気を帯びた下敷きを近づけると、霧の発生をじゃまする余分なイオンが取り除かれて、観察することができた。××××××××××××××××××××××××。目に見えない放射線を出す物質が空気中にただよっていることを考えると、なんだか不思議な気持ちになった。

第2章
物質を変化させる ふしぎ実験
～化学～

レモンから電気を作る実験のやり方は、62ページでCHECKしよう！

実験時間 約2時間　レベル ★☆☆

実験13 うがい薬でビタミンチェック！

写真撮影／小野寺 宏友

うがい薬の色の変化で、野菜や果物にビタミンCが入っているかどうか、調べることができるんだよ。

用意するもの
- うがい薬（ヨウ素の入っている茶色いもの） ●はし ●包丁
- 計量スプーン ●計量カップ
- コップ ●レモン ●果物 ●野菜
- お茶 ●お菓子 ●皿
- オキシドール（薬局で売っている）

うがい薬にレモン果汁を混ぜよう

① うがい薬で試薬を作る

コップに100mLの水を入れて、うがい薬を小さじ1杯入れ、試薬を作る。

② レモンの果汁をしぼる

レモンを包丁で半分に切り、果汁をしぼる。

③ 試薬にレモン果汁を混ぜる

試薬にレモン果汁を小さじ半分加えてかき混ぜ、色の変化を観察する。

④ 少しずつレモン果汁を加える

ポイント
レモン果汁を加えるごとに30秒待つ。

さらに、少しずつレモン果汁を加えてかき混ぜ、色の変化を観察する。

 包丁は、取り扱いにじゅうぶん注意しよう。

試薬をいろいろ試そう！

● 野菜や果物を試薬に混ぜる

ポイント
果物は新鮮なものを使い、色の濃いものは試薬の色の変化を見逃さないようにする。

同じようにビタミンCの入った野菜や果物、お茶、お菓子などで色の変化を調べてみる。

● うがい薬の濃さを変える

うがい薬をいろいろな濃さにして、色の変化を試してみる。

● 試薬にオキシドールを加える

ビタミンCを入れて色が変化した試薬に、オキシドールを少量加えてかき混ぜる。

● 色の変化を確かめる

色がどう変化するかを観察する。

❓ なぜ色が変化するの？

うがい薬の成分であるヨウ素（I_2）には、ほかの物質から電子を奪う性質がある（相手を酸化させる）。また、レモン果汁に含まれるビタミンCには、逆にほかの物質に電子を与える性質がある（相手を還元させる）。

うがい薬の中にレモン果汁を入れると、もともと茶色い物質だったヨウ素（I_2）が還元されて、ヨウ化物イオン（I^-）になる。ヨウ化物イオン（I^-）は無色透明なので、色が透明になるんだよ。ヨウ素（I_2）のように相手を酸化するものを酸化剤、ビタミンCのように相手を還元するものを還元剤という。

オキシドールは過酸化水素を多く含んでいる。過酸化水素水はヨウ素よりも強力な酸化剤としてのはたらきをするため、これを加えると、今度はヨウ化物イオン（I^-）が電子を離してヨウ素（I_2）に戻り茶色になるんだよ。酸化や還元は高校で習うことなので難しいかもしれないけど、物質の中で電子が行き来することによって色が変化していると考えるといいね。

ビタミンCは電子をわたすことで酸化され、ヨウ素は電子を受け取ることで還元される。

第2章 物質を変化させるふしぎ実験

うがい薬でビタミンCを調べる実験

実験の目的
うがい薬に含まれるヨウ素は、レモンの果汁を入れると、成分のビタミンCによって色が薄くなると学校で聞いた。そこで、どのくらいの量でどのように色が変わるのか、実際に試してみることにした。

用意したもの
うがい薬(ヨウ素の入っている茶色いもの)　計量スプーン　計量カップ　コップ　皿　レモン　果物　野菜　お菓子　お茶　オキシドール　はし　包丁

実験の方法
〈実験1〉
①コップに100mLの水とうがい薬を小さじ1杯入れて、試薬を作る。
②①にレモン果汁を小さじ半分加え、色の変化を観察する。
③さらに少しずつレモン果汁を加えていき、色の変化を観察する。

〈実験2〉
試薬にいろいろな果物や野菜の汁、お茶、お菓子などを入れて、色の変化を観察する。

〈実験3〉
いろいろな濃さの試薬を作り、小さじ1杯のレモン果汁を入れて色の変化を調べる。

〈実験4〉
実験1で透明になった液に、オキシドールを少量加える。

> 最初の状態の色を、写真でのせておくと結果と比較できてわかりやすい。

> 色の濃度変化など、言葉やイラストでは説明しにくいときは、写真を活用する。

実験の結果

〈実験1〉
小さじ半分　　小さじ1杯　　小さじ2杯　　小さ

〈実験2〉
[リンゴ] 小さじ×杯で色が消えた。
[トマト] 小さじ×杯で色が消えた。
[お茶] 小さじ×杯で色が消えた。
[ビタミン入りキャンディ] 小さじ×杯で色が消えた。

〈実験3〉
小さじ半分　　小さじ1杯　　小さじ2杯　　小さじ4杯

〈実験4〉
××××××××××××××××××××××××××××××××××。

> レモンと実験2で入れたものの中で、どれがいちばん薄くなった？　薄くなるほどビタミンCが多いってことだよ。

まとめ・感想
試薬が思ったよりもきれいな透明になった。レモンは小さじ×杯入れると透明になった。オキシドールを入れた色変化など、色が消えたり戻ったりするようすが面白く感じた。
××××××××××××××。紅茶にレモン果汁を入れても色が薄くなるが、うがい薬の場合とは異なる反応らしい。次は、紅茶の実験をやってみたいと思った。

| 実験時間 | 約2時間 | レベル | ★☆☆ |

いちばん温まる色はどれ? 実験14

いろいろな色紙をつけた空き缶に水を入れて、光を当てよう。温度が上がりやすい色はどれかな? 調べてみよう。

用意するもの
- 空き缶(350mLのもの数個)
- いろいろな色の色紙
- はさみ
- セロハンテープ
- 計量カップ
- 温度計

写真撮影／小野寺 宏友

第2章 物質を変化させるふしぎ実験

色紙をはって温度をはかろう

① 空き缶に色紙をはる

空き缶に調べたい色の色紙を、それぞれはりつける。

② 水を入れ色紙でふたをする

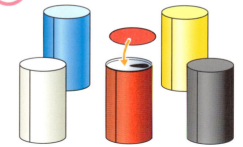

水を300mL入れ、丸く切った同じ色の色紙でふたをする。

③ 15分おきに温度をはかる

ポイント
はかるときは缶を軽くふって、中の温度を均一にする。

太陽の光が同じように当たるように空き缶を置き、それぞれ15分おきに温度計を差しこんで温度をはかる。

④ 温度の上がり方をまとめる

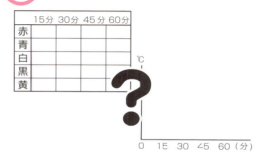

	15分	30分	45分	60分
赤				
青				
白				
黒				
黄				

色ごとに温度の上がり方を表やグラフにまとめる。

はさみは、取り扱いにじゅうぶん注意しよう。

実験時間 約2時間　レベル ★★★

実験15 光による温度上昇を調べよう

写真撮影／中島 隆

太陽に当てる角度によって、温まり方は変わるよ。いろいろな角度で光に当てて、比べてみよう。どれがいちばん温まったかな？

用意するもの
- 透明な瓶（できるだけ軽くて平べったいもの4本）
- 発泡スチロールの箱（瓶が入る大きさのもの4個）
- つまようじ　●分度器　●温度計
- カッターナイフ

角度を変えて太陽に当てた温度をはかろう

① 水が入った瓶を箱に入れる

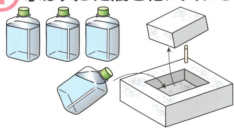

4本の瓶に同じ量の水を入れ、まん中をくり抜いた発泡スチロールの箱に入れる。1個の箱につまようじを垂直に立てる。

② 太陽と垂直になるように置く

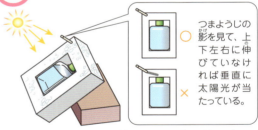

つまようじの影を見て、上下左右に伸びていなければ垂直に太陽光が当たっている。

つまようじを立てた箱をレンガなどに立てかけ、つまようじの影を見ながら太陽と垂直になるように置く。

③ ②と角度を変えて置く

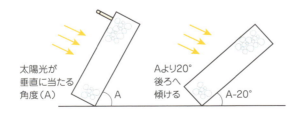

ほかの箱もレンガや石などに立てかけ、Aとそれぞれ20°、40°、60°の角度の差がつくように置く。

④ 15分ごとに温度をはかる

15分ごとに瓶を軽くふって温度計で中の水の温度をはかり、また③と同じ角度に調節して戻す。これを繰り返し、温度の変化を表やグラフにまとめる。

⚠ カッターナイフは、取り扱いにじゅうぶん注意しよう。

色や角度による水の温まり方の実験

実験の目的
金魚の入った水そうを直射日光が当たる場所に置いておいたら、数十分で温かくなってしまった。そこで、色や光が当たる角度によって水の温まり方が違うのか調べてみようと思った。

用意したもの
350mLの空き缶(5本)　色紙　セロハンテープ　はさみ　計量カップ　温度計
平べったい透明な瓶(4本)　発泡スチロールの箱(4個)　つまようじ　分度器

実験の方法

〈実験1〉
色紙を巻いた空き缶に水を入れ、太陽の光を当てて15分おきに温度の変わり方を調べる。

> イラストでも実験のようすを見せる。

〈実験2〉
水を入れた平らなガラス瓶をさまざまな角度にして太陽の光に当て、15分おきに温度の変わり方を調べる。

> 角度の差は、側面から見た図などを入れて、わかりやすくする。

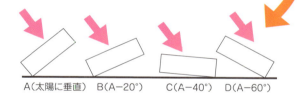

A(太陽に垂直)　B(A-20°)　C(A-40°)　D(A-60°)

実験の結果

〈実験1〉

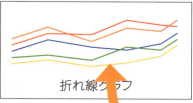

折れ線グラフ

温まりやすい色／黒→×→×　×→×

〈実験2〉

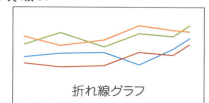

折れ線グラフ

温まりやすい角度／○°→○°→○°→○°

> 表やグラフは、比べるものの色を変えると見やすいね。

> 差を比べる場合は、表にまとめるよりも、ひと目で比較ができる折れ線グラフなどで見せるとわかりやすい。

まとめ・感想
色によって、ずいぶんと温まり方に差があることがわかった。黒い色がいちばん温まりやすいというのは、予想通りだった。××××××××××××××××。
角度を変えた温度の実験は、角度を調節するのが難しかった。もう少し手早くはかっていけたら、もっと差が出たかもしれない。×××××××××××××。

| 実験時間 約1日 | レベル ★★☆ |

実験16 ムラサキキャベツ液で色実験

写真撮影／小野寺 宏友

ムラサキキャベツの煮汁を使うと、その水溶液が酸性かアルカリ性かがわかるんだよ。何色に変わったかな？

用意するもの
- ムラサキキャベツ
- なべ ●包丁 ●まな板
- コップ（数個）
- いろいろな水溶液（酢や重曹など）
- キッチンペーパー ●はさみ
- ピンセット ●はし ●計量スプーン

ムラサキキャベツで試薬を作ろう

① ムラサキキャベツを煮る

ムラサキキャベツを包丁で細かくきざむ。なべにムラサキキャベツがひたるぐらいの水を入れ、一緒に煮る。

② 水が紫色になったら冷ます

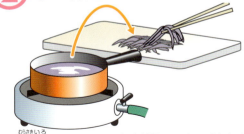

水が紫色になったら火を消し、ムラサキキャベツを取り出してよく冷ます。これが試薬になる。

③ 試薬に調べたい液体を入れる

試薬をコップに大さじ1杯ずつ入れ、性質を調べたい液体を小さじ2杯くらい入れる。

④ 色の変化を確かめる

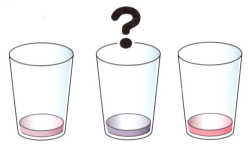

ムラサキキャベツの液の色がどう変化するか確かめる。

⚠ 包丁やはさみは取り扱いにじゅうぶん注意しよう。火を使うときは大人の人と一緒にやろう。

ムラサキキャベツで試験紙を作ろう

① キッチンペーパーをひたす

左ページの②のお湯が冷めたらなべを下ろし、キッチンペーパーをひたす。

② キッチンペーパーを乾かす

はしなどでキッチンペーパーを取り出して、よく乾かす。

ポイント
色の変化に影響があるので、キッチンペーパーはできるだけ手で触らないようにする。

③ 切って試験紙を作る

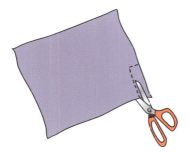

なるべく実験に使う部分は触らないようにして、1×4cmくらいの大きさに切って試験紙を作る。

④ 試験紙を水溶液にひたす

性質を調べたい液体をコップに入れて、試験紙の先をひたし、色の変化を確かめる。

❓ なぜ色が変化するの？

ムラサキキャベツの紫色は、アントシアンという色素によるもの。この色素は、酸性のものに触れると赤っぽくなり、アルカリ性のものに触れると緑色や黄色っぽくなるという性質があるよ。そのため、この試験紙を水溶液につけると、色が変化するんだ。アントシアンは、ムラサキキャベツのほかブドウやナス、ブルーベリーなどにも入っているので、これらを使っても試験紙を作ることができるよ。

<変化する色のイメージ>

酸性　　　　　　　　　中性　　　　　　　　アルカリ性

ナスやブドウでも試験紙を作ってみたいな。

第2章　物質を変化させるふしぎ実験

レポートを作ってみよう!

ムラサキキャベツで水溶液の性質を調べる実験

実験の目的

アサガオの花が、酸性雨で色が変わってしまうのは、花に含まれている赤い色素の色が変化するからだそうだ。同じ色素がムラサキキャベツにも含まれているそうなので、ムラサキキャベツを使って水溶液の性質を調べてみようと思った。

用意したもの

ムラサキキャベツ　なべ　コップ(数個)　はさみ　包丁　まな板　キッチンペーパー　ピンセット　水溶液(酢・重曹・リンゴ・レモン・お茶・スポーツドリンク)　はし　計量スプーン

実験の方法

〈実験1〉
① きざんだムラサキキャベツを煮て、汁をコップに分ける。
② 性質を調べたい液体を小さじ2杯ぐらい①のコップに入れ、色の変化を調べる。

〈実験2〉
① ムラサキキャベツを煮た汁を、キッチンペーパーにしみこませて乾かし、小さく切って試験紙を作る。
② 性質を調べたい液体につけて、色の変化を調べる。

どういう形でおこなったのか、イラストをつけるとイメージしやすくなる。

実験の結果

水溶液	実験1（試薬）	実験2（試験紙）
レモン果汁	×××××××××××	××××××××
リンゴジュース	×××××××××××	××××××××
酢	×××××××××××	××××××××
重曹	×××××××××××	××××××××
お茶	×××××××××××	××××××××
スポーツドリンク	×××××××××××	××××××××

試薬や試験紙が何色になったか、その結果、水溶液が酸性なのかアルカリ性なのかを考えて書く。

結果が出た試験紙は、レポートにつける。

実験1は、結果の写真をつけてもいいね。

まとめ・感想

試験紙はちょっとあいまいな色もあって、わかりにくいものがあったが、液体の試薬のほうは、色の変化がわかりやすく出た。ただ、液体の試薬は数日間置いておくと、カビが生えてしまった。保存するときは試験紙にしたほうがいいようだ。××××××××××××××××××××××××。今度は、ムラサキキャベツ以外のものでも、試薬や試験紙になるものを調べて作ってみたいと思った。

| 実験時間 | 約2日 | レベル | ★☆☆ |

食品で10円玉がピッカピカ！

実験17

身近な液体をかけるだけで、つやのなかった10円玉が見違えるほどピカピカになるよ。さっそくやってみよう。

用意するもの
- 汚れた10円玉（数枚）
- 皿
- さまざまな液体や調味料（酢やマヨネーズ、タバスコ、ソース、ケチャップ、ジュースなど）
- ティッシュ

写真撮影／小野寺 宏友

汚れた10円玉に食品をかけよう

① 10円玉に液体や調味料をかける

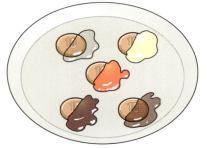

10円玉を皿の上に並べ、それぞれ10円玉の半分に調べたい液体や調味料をかけて、一日置く。

② 10円玉をふいて確認する

次の日、10円玉を取り出してふき、表面のようすを観察する。

③ 落ち具合を調べる

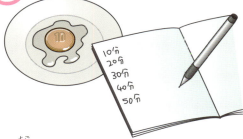

②で汚れが落ちた液体を使って、つけておく時間によって、どのくらいきれいになるかを比べてみる。

❓ 何が汚れを落とすの？

10円玉は銅でできており、汚れの主な原因は、さび（酸化銅）。それぞれの液体や食品に酸やアミノ酸が含まれていれば、さびを溶かして落とすんだよ。また、酸やアミノ酸のほかに塩化ナトリウム（食塩）も含まれていれば、それらがさびを溶かすのを助けるはたらきがあるんだよ。

第2章 物質を変化させるふしぎ実験

10円玉をきれいにする実験

実験の目的
新しい10円玉が古いものと比べてあまりにも違うので、なぜこんなに変わるのか興味がわいた。石けんでは落ちず、調味料など食品をつけるときれいになると聞いたので、どれがきれいになるのかを調べてみようと考えた。

用意したもの
汚れた10円玉（数枚）　皿　いろいろな調味料や液体（酢、ソース、牛乳、水、食塩水、マヨネーズ、タバスコ、オレンジジュース、しょう油）　ティッシュ

実験の方法

どれがいちばん、落ちるかな？

〈実験1〉
汚れた10円玉を皿に入れ、いろいろな液体をかけて一日置き、次の日、それぞれの液体の汚れの落ち具合を調べた。

〈実験2〉
汚れた10円玉を皿に入れて酢をかけ、10分おきに汚れの落ち具合を調べた。

実験の結果

〈実験1〉

酢 ×××××	ソース ×××××	牛乳 ×××××
水 ×××××	食塩水 ×××××	マヨネーズ ×××××
タバスコ ×××××	オレンジジュース ×××××	しょう油 ×××××

> きれいになった10円玉を直接はったり、写真で撮ったものを切ってつけたりすると、変化がわかりやすい。

〈実験2〉

10分後 ×××××	20分後 ×××××
30分後 ×××××	40分後 ×××××
××後 ××	1時間後 ×××××

> 時間の経過は写真で撮って、切ってはるとわかりやすい。

> きれいになった10円玉を取っておくときは、空気に触れないようにセロハンテープを10円玉全体にはっておく。

10円玉は、空気に触れるとまた汚れ（さび）てしまうんだよ。

まとめ・感想
汚れの主な原因はさびで、酸を含んでいるものだと落ちると聞いていたので、酢は落ちるだろうと思っていたが、ソースやタバスコまで落ちたのでびっくりした。××××××××××××××××××××××ティッシュ××××。
今度は、食品以外のもので試したり、5円玉の汚れ落としにチャレンジしてみようと思った。

食品で毛糸に色をつけよう

実験時間 約2日　レベル ★★☆

実験18

身のまわりにある食品には、さまざまな着色料が含まれているよ。これらの着色料で、毛糸を染めてみよう。

用意するもの
- 毛糸（ウール100％のもの）
- コップ（耐熱性のもの数個）
- なべ　●温度計　●はし
- いろいろな食品（ジュースやつけ物など、色の濃いもの）　●酢
- はさみ　●石けん　●包丁　●まな板
- 計量カップ　●計量スプーン

写真撮影／小野寺 宏友

第2章　物質を変化させるふしぎ実験

食品から取った色で毛糸を染めよう

① 毛糸を束にする

毛糸を束にして、真ん中をしばったものをいくつか用意する。

② 毛糸を洗って乾かす

毛糸を、石けんでよく洗って乾かす。

③ 色のついた食品を水に入れる

ポイント
ジュースなどの液体は、そのままコップに約50mL入れる。

食品を包丁で細かく切って、約50mLの水を入れたコップに入れ、色を溶かし出す。

⚠ 包丁は、取り扱いにじゅうぶん注意しよう。

④ 水の入ったなべにコップを入れる

なべに水を入れて、液体の入ったコップを入れ、それぞれに酢を小さじ1杯加える。

59

⑤ 温度計を入れて加熱する

水に温度計を入れて、60〜70℃になるまで加熱する。

⑥ コップに毛糸を入れる

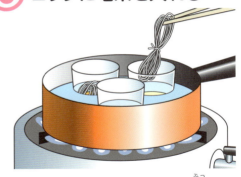

コップにはしで毛糸の束を入れ、沸とうさせないように気をつけながら30分ほど煮る。

⑦ 30分煮たら毛糸を取り出す

30分煮たらなべを火からおろし、毛糸を取り出して水で洗う。

⑧ 染まり具合を確認する

毛糸をよく乾かし、染まり具合を調べる。

❓ なぜ染まり方が違うの？

食品に含まれる着色料には、自然界にあるものを使った天然着色料と、化学的に作り出した合成着色料がある。一般的に、天然着色料は色が落ちやすく、毛糸はあまり染まらないのに対し、合成着色料は色があざやかで、毛糸はよく染まるんだよ。

また、溶かし出して色をつけた液体に、酸性の酢やアルカリ性のアンモニア水などを加えると、天然着色料の場合は色が変化し、合成着色料の場合は色が変化しないことが多い。この方法で、含まれている着色料の種類と色の変わり方の関係についても調べてみよう。

色の変化で天然着色料か合成着色料か、調べられるんだね。

⚠ 火を使うときは、じゅうぶんに注意をし、大人の人と一緒にやろう。

食品で毛糸を染める実験

実験の目的
服に食べ物がつくと、なかなか色が落ちないものやすぐに落ちるものがある。布や毛糸に色がつくことに興味がわいて、いろいろな食品の色が毛糸をどれくらい染めることができるのか、調べたいと考えた。

用意したもの
毛糸 コップ はし はさみ 石けん 包丁 まな板 計量カップ 計量スプーン なべ 温度計 いろいろな食品(オレンジジュース、グレープジュース、たくあん、しばづけ、メロンシロップ、しょう油など) 酢 アンモニア水

実験の方法

〈実験1〉
① 食品を細かく切ってコップに入れ、水を入れて色を溶かし出す。
② そのコップを水の入ったなべに入れて火にかけ、小さじ1杯の酢を入れる。
③ コップに石けんで洗って乾かした毛糸を入れ、70℃にして煮る。
④ 取り出して洗い、染まり具合を調べる。

〈実験2〉
色を溶かし出した液に、酢とアンモニア水を加え、色の変化を調べる。

> 溶かし出した液の色がわかるように写真をつける。

> 色の変化がわかるように写真をつける。

実験の結果

〈実験1〉

オレンジジュース(果汁100%)	グレープジュース(果汁100%)	たくあん
色を染めた直後に比べると、乾かした後は××。	××××××××××	××××××××××

しばづけ	メロンシロップ	
××××××××××	××××××××××	

> なべから取り出した直後と洗って乾かしたあとで色に変化があったなど、気づいたことも書く。

〈実験2〉

	酢	アンモニア水	結果
オレンジジュース(果汁100%)	×××××××	×××××××	×××××××
グレープジュース(果汁100%)	×××××××	×××××××	×××××××
たくあん	×××××××	×××××××	×××××××
しばづけ	×××××××	×××××××	×××××××
メロンシロップ	×××××××	×××××××	×××××××
しょう油	×××××××	×××××××	×××××××

> 実験に使った毛糸をはろう。

> 実験の結果と、パッケージに書かれている着色料の種類を比べてみる。

まとめ・感想
たくあんやメロンシロップに含まれている合成着色料は、毛糸をとてもよく染めることがわかった。××××××××××××××××××××××××××。合成着色料か天然着色料かがこんなに簡単に調べることができることに驚いた。次は、お茶やコーヒーなど、もっといろいろなもので染めてみたいと思った。

| 実験時間 約2時間 | レベル ★★★ |

実験19 果物が電池になる!?

写真撮影／小野寺 宏友

レモンなどの果物を金属の板でつなぐと、電気が流れるんだよ。実際に発光ダイオードを光らせてみよう。

用意するもの
- レモン（2個） ●いろいろな食材
- アルミ板（厚さ0.1mm。ホームセンターなどで売っている）
- 銅板（厚さ0.1mm。ホームセンターなどで売っている）
- ミノムシクリップのついた導線（5本）
- 発光ダイオード（電気用品店で売っている） ●ナイフ ●はさみ

レモンで電池を作ろう

① アルミ板と銅板を切る

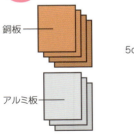

アルミ板と銅板をはさみで3×5cmに切る。同じものを4枚ずつ作る。

② レモンに切りこみを入れる

レモンを半分に切り、1cmくらいのすき間ができるように2本の切りこみを入れる。4つ作る。

③ アルミ板と銅板をさしこむ

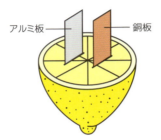

一方の切りこみにアルミ板を、もう一方の切りこみに銅板をさしこむ。2枚の板が触れ合わないように注意する。

④ 導線でつなぐ

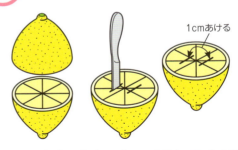

ミノムシクリップのついた導線で、それぞれのレモンにささったアルミ板と銅板を図のようにつないでいく。

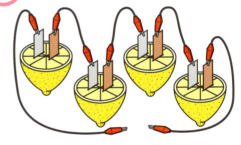

⚠ はさみやナイフは、取り扱いにはじゅうぶん注意しよう。実験に使ったレモンを食べてはだめだよ。

⑤ 銅板と発光ダイオードをつなぐ

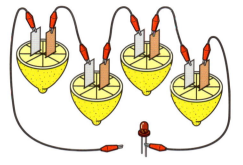

端の銅板と発光ダイオードの長い足（＋極）をつなぐ。

⑥ アルミ板と発光ダイオードをつなぐ

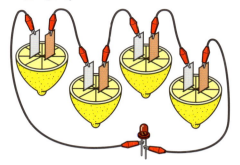

端のアルミ板と発光ダイオードの短い足（－極）をつなぐ。

⑦ 発光ダイオードが光る

ポイント
光り方は弱いので、注意して見る。

発光ダイオードが光る。発光ダイオードの＋極と－極をまちがうと光らないので注意する。

⑧ ほかの方法で試す

レモンの個数を変えて、発光ダイオードの明るさを比べてみる。また、ミカンやリンゴ、タマネギなど、ほかの食品で電池を作って、結果を比べてみる。

❓ なぜ光るの？

アルミニウムは、レモン果汁に含まれている酸に溶けやすく、溶けたときに－の電気を帯びた電子を離す性質がある。そのため、アルミニウムが溶けるとアルミ板の中に多くの電子が残されることになり、これらは銅板のほうに向かって移動を始める。この電子の移動によって電気が流れ、発光ダイオードが光るんだよ。

銅板に移動した電子は、レモン果汁に含まれている水素イオンと結合し、水素ガスになるよ。

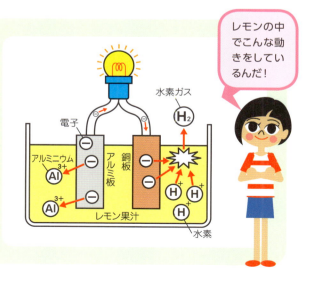

レモンの中でこんな動きをしているんだ！

第2章 物質を変化させるふしぎ実験

レモンなどで電池を作る実験

実験の目的
電気を通す性質がある液体に、2種類の金属をさすだけで電池になることを、学校の授業で習った。レモンがそれにあたるというので、レモンを使って発光ダイオードがどれくらい光るのか、レモン以外にどんなものが電池になるのか、試してみようと思った。

用意したもの
レモン　食材(リンゴ、バナナ、とうふ、とり肉)　アルミ板　銅板　ナイフ　ミノムシクリップのついた導線　発光ダイオード　はさみ

作り方
①レモンを半分に切り、2か所に切りこみを入れてアルミ板と銅板をさしこむ。4つ作る。
②アルミ板と銅板をミノムシクリップでつないでいく。
③両端のミノムシクリップに発光ダイオードをつなぐ。このとき、銅板の側を発光ダイオードの＋極に、アルミ板の側を－極につなぐようにする。

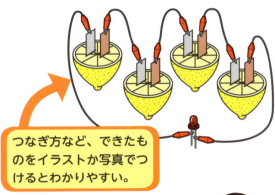

つなぎ方など、できたものをイラストか写真でつけるとわかりやすい。

実験の方法
〈実験1〉
レモンの個数を変えて光り方を確認する。
〈実験2〉
レモン以外の下記の食品で試してみる。

数を増やすと、光り方は変わるのかな？

実験の結果
〈実験1〉

レモン2個	××××××××××××××××××
レモン3個	××××××××××××××××××××××
レモン4個	××××××××××××××××××××××××

発光ダイオードの光り方の差や、つくまでの時間の差など、気づいたことを書く。

〈実験2〉

リンゴ	バナナ	とうふ	とり肉
×××××	×××××	×××××	×××××

食べ物が電池になるって、すごいね！

まとめ・感想
レモンだけでなく、いろいろなものが電池になることがわかって面白かった。××××××××××××××××××××××××××××××××××××。次は、銅板とアルミ板の入れ方やつなぎ方で変化があるのか実験してみたいと思った。

| 実験時間 約3時間 | レベル ★★★ |

身近なものを電池にしよう！ 実験20

みんながよく知っている備長炭や10円玉と1円玉で、電池を作ることができるんだよ。作ってみよう。

用意するもの
- 備長炭（水に沈むほど重いもの）
- アルミホイル ●キッチンペーパー
- 塩化ナトリウム（食塩） ●バット
- 片側にミノムシクリップがついた導線（2本）
- 電子オルゴール（実験用具店で売っている）
- 発光ダイオード（電気用品店で売っている）
- はさみ ●10円玉（7枚） ●1円玉（7枚）

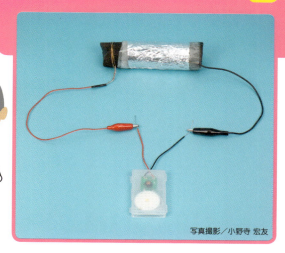

写真撮影／小野寺 宏友

第2章 物質を変化させるふしぎ実験

備長炭で電子オルゴールを鳴らそう

① 導線を備長炭に巻きつける

片側にミノムシクリップがついた導線の外側のビニルを10cmくらいはがし、備長炭の端にしっかりと巻きつけて固定する。

② キッチンペーパーを食塩水につける

塩化ナトリウムが溶け残るぐらい濃い食塩水

バットにできるだけ濃い食塩水を作り、備長炭の幅より少し短く切ったキッチンペーパーを入れて、よくしみこませる。

③ ②を備長炭に巻きつける

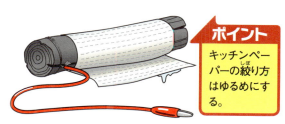

ポイント
キッチンペーパーの絞り方はゆるめにする。

②のキッチンペーパーを軽く絞り、備長炭にしっかりと巻きつける。

④ アルミホイルをしっかり巻く

キッチンペーパーの端が少し見えるようにする。

キッチンペーパーの上にアルミホイルを巻きつけ、上から強くにぎる。アルミホイルと備長炭が直接触れないようにする。

⑤ 電子オルゴールと導線をつなぐ

電子オルゴールの赤い導線（＋極側）を、備長炭に巻きつけた導線につなぐ。

⑥ 電子オルゴールとアルミホイルをつける

ミノムシクリップのついた導線を使って、電子オルゴールの黒い導線（－極側）をアルミホイルにつけると、電子オルゴールが鳴る。

10円玉と1円玉で発光ダイオードを光らせよう

① キッチンペーパーを食塩水につける

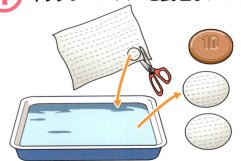

キッチンペーパーを10円玉と同じくらいの大きさに切り（7枚）、濃い食塩水にしみこませる。

② 10円玉とキッチンペーパー、1円玉を重ねる

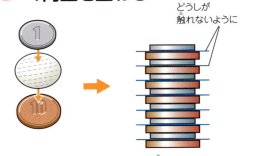

キッチンペーパーどうしが触れないように

キッチンペーパーどうしが触れないように注意しながら、10円玉→キッチンペーパー→1円玉→10円玉…と順番に重ねる。

③ 発光ダイオードとつなぐ

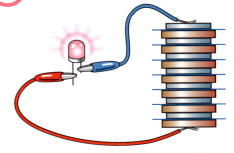

ミノムシクリップのついた導線を使って、発光ダイオードの短い足（－極側）をいちばん上の1円玉に、発光ダイオードの長い足（＋極側）をいちばん下の10円玉につなぐと光る。

❓なぜ電気が流れるの？

備長炭電池は、アルミホイルが食塩水に溶けて電子が発生し、その電子が＋極となる備長炭の中にある酸素に向かって移動することで電気が流れる。電子と空気中の酸素が結びつくことから、「空気電池」とよばれているよ。

10円玉と1円玉の電池は、レモン電池（P62～63）と同じように、アルミニウムでできた1円玉が食塩水に溶けて、電子が、＋極となる10円玉の銅に移動することで、電気が流れるんだよ。

❗ はさみは、取り扱いにじゅうぶん注意しよう。

レポートを作ってみよう！

備長炭や10円玉で電池を作る実験

実験の目的
乾電池の中心には、炭でできた棒が入っているという話を聞き、炭を使って電池を作ってみようと思った。また、ふだん何気なく使っているお金も電池にできると知り、これも試してみようと思った。

用意したもの
備長炭　アルミホイル　キッチンペーパー　塩化ナトリウム（食塩）　バット　片側にミノムシクリップがついた導線(2本)　電子オルゴール　発光ダイオード　10円玉(20枚)　1円玉(20枚)　はさみ

作り方
〈実験1〉　備長炭電池
①端に導線を巻いて固定した備長炭に、濃い食塩水でぬらしたキッチンペーパーを巻きつける。
②キッチンペーパーにアルミホイルを巻きつける。

〈実験2〉　10円玉の電池
①キッチンペーパーを小さく切り、濃い食塩水をしみこませる。
②10円玉→キッチンペーパー→1円玉の順に、7枚ずつ重ねる。

備長炭電池

10円玉の電池

> どのように作ったかわかるように、写真やイラストをつける。

実験の方法
〈実験1〉
備長炭電池の導線とアルミホイルにつないだ導線に電子オルゴールをつなぎ、音が出るかどうか確かめる。

〈実験2〉
①10円玉の電池のいちばん下の10円玉といちばん上の1円玉に発光ダイオードをつなぎ、電気がつくかどうか確かめる。
②コインの数を変えて発光ダイオードをつないでみて、明るさを比べる。

> 使ったアルミホイルを見ると、小さな穴が開いているよ。溶けたんだね。

実験の結果
〈実験1〉
　××××××××××××。
〈実験2〉
　①×××××××××××。
　②
　7層…×××××××××。
　10層…×××××××××。
　15層…×××××××××。
　20層…×××××××××。

> 電気がついたようすや、つかなかった場合に試した方法があればそれも書く。

どれが、いちばん明るかった？

> 明るさを比較して、その差を書く。

まとめ・感想
オルゴールから音が流れたときにはうれしくなった。アルミニウムが溶けて電子ができるらしいが、不思議に感じた。××××××××××××。

10円玉の電池は、層が増えるほど電流の流れが強くなるようなので、次は電流の大きさを比べて、どのぐらいの差があるのかを調べる実験をしたくなった。××××××××××××××××××××。

実験時間 約2時間　レベル ★☆☆

実験21 不思議いっぱい、シャボン玉！

写真撮影／小野寺 宏友

丸くてにじ色にかがやくシャボン玉。そんなシャボン玉の不思議について、調べてみよう。丸以外の形にすることもできるんだよ。

用意するもの
- 台所用の洗剤
- 計量カップ ●計量スプーン
- コップ ●ストロー
- 黒い画用紙 ●白い画用紙
- はさみ ●はし
- カラーモール ●糸

シャボン玉の色を観察しよう

① シャボン液を作る

100mLのぬるま湯に小さじ2杯の台所用の洗剤を入れて、よくかき混ぜる。

② 準備をする

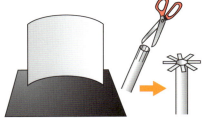

黒い画用紙をしき、その上に半円状に丸めた白い画用紙を立てる。ストローは、先に切りこみを入れてラッパ状に開く。

③ 色の変化を観察する

②のストローでシャボン玉をふくらまし、指でストローを押さえ、黒い画用紙の上で、上から色の変化を観察する。

❓ 色はなぜ変化するの？

シャボン玉はとてもうすい膜でできていて、光はその膜の表面と裏面で反射する。このとき反射した2つの光はぶつかり合い、そのぶつかり方によって特定の色を強めあったり弱めあったりしながら、私たちの目に届く。これを「光の干渉」というよ。シャボン玉の色は、膜の微妙な厚さの変化によって光の干渉の仕方が変わり、大まかにいうと赤→黄→青という変化を繰り返すんだよ。

⚠ はさみは、取り扱いにじゅうぶん注意しよう。

いろいろな形のシャボン玉を作ろう

① カラーモールで形を作る

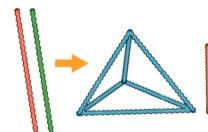
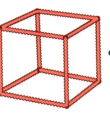
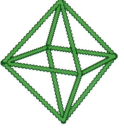

いろいろな形を作って試してみよう。

カラーモールで、図のようにさまざまな形を作る。

② モールをシャボン液につける

糸を結びつけ、コップの中のシャボン液（P68の①参照）につける。

③ 膜を観察する

ゆっくりと引き上げ、どのような形の膜がついているかを観察する。

？ なぜ丸くなるの？

シャボン玉の膜は、引っぱる力によって表面の面積をできるだけ小さくしようとするはたらきがある。このようなはたらきを、「表面張力」というよ。同じ体積で、もっとも表面積を小さくすることができる形が球なんだ。同じように、モールの枠にできたシャボンの膜も、もっとも表面積が小さい形になっているよ。

さらに、シャボンの膜を張った四角い枠に、輪になった糸をのせ、綿棒などで輪の中の膜をやぶると、糸の輪は丸く広がる。これも、表面張力のはたらきによるものだよ。

四角い枠にできた穴は、丸くなる。

糸の形は、面積の大きい円の形になって、膜の面積を小さくするんだね。

第2章 物質を変化させるふしぎ実験

シャボン玉を知る実験

実験の目的
天気のいい日に、弟が遊んでいたシャボン玉が、とてもきれいな色に光っているのが見えた。透明の液体がどうしてきれいな色に見えるのか不思議で、シャボン玉の色や形について調べてみたいと考えた。

―用意したもの―
台所用の洗剤　計量カップ　計量スプーン　コップ　はし　ストロー　黒い画用紙
白い画用紙　はさみ　カラーモール　糸

実験の方法
〈実験1〉
① 黒い画用紙の上に白い画用紙を半円状に立てる。
② シャボン玉をふくらまして黒い画用紙の上に持っていき、上から見て色の変化を観察する。

〈実験2〉
① カラーモールでいろいろな形の枠を作る。
② 枠に糸をつけ、シャボン液につけて引き上げ、膜の形を観察する。

> 実験のようすがわかりやすいように、イラストや写真をつける。

実験の結果
〈実験1〉
次々と色の変化を繰り返して、最後に割れた。

> 色の変化を写真で、順を追って見せると、わかりやすい。

××××××　××××××　××××××

〈実験2〉
×××××××××
×××××××××
×××。

> モールにできた膜の形を写真と文章で説明する。

××××××　××××××　××××××

> いろいろな色が混ざって見えるよ。色の出方はどう変化したかな？

まとめ・感想
じっくり観察すると、シャボン玉はめまぐるしく色を変化させていることがわかった。この変化は、シャボン玉の厚さの変化によるものらしい。そんな微妙な差で変わるのだとびっくりした。××××××××××××××××××××××。
カラーモールで作った膜には、表面張力の力で、いろいろな形ができた。実際に見ると、面白かった。××××××××××××××××××××××××××。

| 実験時間 約2時間 | レベル ★★☆ |

銅イオンの動きを見てみよう 実験22

原子や原子の集まりが電気をもったイオンは、ふつうは目では見えない。でも、寒天や銅板に電気を流すと、色がついたイオンの動きがわかるようになるよ。

用意するもの
- 粉寒天(2g) ●塩化ナトリウム(食塩。2g)
- 耐熱プラスチック容器(縦7cm×横12cmほど) ●計量カップ ●スプーン ●はさみ
- 銅板(厚さ0.1mm。ホームセンターで売っている)
- ミノムシクリップつき導線(2本)
- 6P型乾電池(9Vの四角いもの) ●なべ

写真撮影／上林 徳寛

第2章 物質を変化させるふしぎ実験

装置を作って観察しよう

① 寒天を溶かす

200mLの水に2gの粉寒天を入れ、かき混ぜながら温める。

② 塩化ナトリウムを溶かす

沸とう後、混ぜながらさらに数分間温め、2gの塩化ナトリウム（食塩）を加えて溶かす。

③ 寒天を固める

②の液をプラスチック容器に入れ、冷まして固める。

④ 銅板をさしこむ
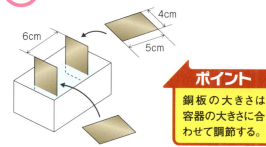

ポイント
銅板の大きさは容器の大きさに合わせて調節する。

はさみで銅板を4×5cmぐらいに切り、約6cm離して寒天の中にさしこむ。

⚠ はさみは、取り扱いにじゅうぶん注意しよう。火を使うときは大人の人と一緒にやろう。

⑤ ミノムシクリップつき導線をつける

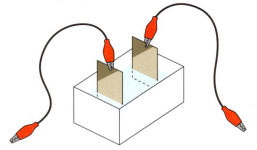

銅板にミノムシクリップつき導線を取りつける。

⑥ 電流を流す

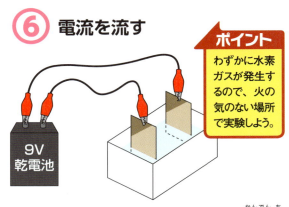

ポイント
わずかに水素ガスが発生するので、火の気のない場所で実験しよう。

ミノムシクリップつき導線の反対側を乾電池につなぐ。

⑦ 観察する

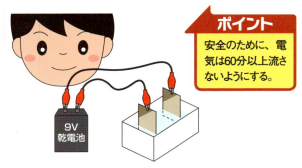

ポイント
安全のために、電気は60分以上流さないようにする。

電気を60分間流し、プラス極側から青緑色の銅イオンが広がっていくようすを観察する。

ふつうの乾電池を使い、3Vや6Vなどの低い電圧で試して、違いを比較してもいいね。

❓ なぜ銅イオンが溶け出すの?

原子の中にある電子は、マイナスの電気を帯びている。銅板に電気を流すと、プラス極側の銅板の中にある銅の電子は、銅を離れて電池のほうに移動をはじめる。すると、電子をうばわれた銅はプラスの銅イオンとなり、寒天の中に溶け出すんだ。銅イオンは青緑色をしているので、このとき銅イオンが溶け出している部分が青緑色に見えるよ。

同時に、マイナス極では水が分解されてできたプラスの水素イオンが、電池からの電子を受け取ることで、水素ガスが発生するよ。

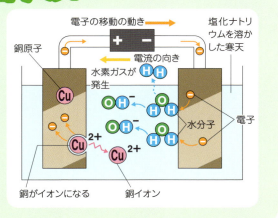

⚠️ 実験後の寒天は食べてはいけないよ。実験後は直接触らないようにし、燃えるごみとして捨てよう。

銅イオンの動きを見る実験

実験の目的
原子や分子が電子をやり取りすることでできるイオンは、目で見ることができない。しかし、銅イオンが青緑色をしているという性質を利用すると、銅イオンができるようすや電子に引きつけられて移動するようすを観察できると知り、試してみることにした。

用意したもの
粉寒天　塩化ナトリウム（食塩）　計量カップ　耐熱プラスチック容器（縦7cm×横12cmほど）
銅板　ミノムシクリップつき導線（2本）　6P型乾電池　なべ　スプーン

作り方
①寒天と塩化ナトリウムをお湯に溶かし、プラスチック容器に入れて固める。
②固めた寒天に2枚の銅板をさす。
③銅板に乾電池をつなぐ。

> 実験装置をイラストや写真で紹介する。

実験の方法
〈実験1〉
　青緑色の銅イオンが寒天に溶け出し、移動するようすを観察する。
〈実験2〉
　電圧を変え、銅イオンが溶け出して移動するようすを比較する。

> 電圧を変えると、何が変わるんだろう？

実験の結果
〈実験1〉
　プラス極から青緑色の銅イオンが溶け出し、××××××××××××××××。

> 写真をつけるとわかりやすい。

15分後

30分後　　　　45分後

60分後

〈実験2〉
　電圧が低くなるほど、××××××××××××××××。

まとめ・感想
銅イオンの色がものすごく鮮やかで、×××××××××でびっくりした。実験中、マイナス側の銅板から泡が出ていたが、×××××××××がわかった。××××××××××××××××と思った。

| 実験時間 約1時間 | レベル ★★★ |

実験23 封筒がほかほかカイロに!?

写真撮影／小野寺 宏友

炭、鉄の粉、食塩など、身近なものを使って、使い捨てカイロを作ることができるんだよ。

用意するもの
- スチールウール（台所用のもの。スーパーマーケットで売っている）
- 活性炭（観賞魚用のもの。ホームセンターで売っている）
- 塩化ナトリウム（食塩）
- オキシドール（薬局で売っている）
- ポリ袋 ●茶封筒 ●紙 ●はさみ
- かなづち ●温度計 ●計量スプーン

封筒と活性炭で使い捨てカイロを作ろう

① スチールウールを細かく切る

紙を下にしいて、スチールウールをはさみでできるだけ細かく切る。

② 活性炭をたたいて粉にする

活性炭を袋から取り出したらポリ袋に入れ、かなづちでたたいて粉にする。

③ スチールウールと活性炭を混ぜる

スチールウールと活性炭の粉を大さじ4杯ずつ封筒に入れる。

④ 塩化ナトリウムを入れて混ぜる

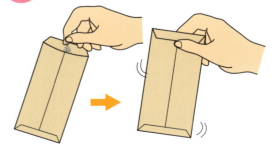

塩化ナトリウム（食塩）をひとつまみ入れて、よく混ぜる。

 はさみやかなづちは、取り扱いにじゅうぶん注意しよう。

⑤ オキシドールを入れてもむ

オキシドールを大さじ2杯入れてよくもむ。

⑥ 温かくなる

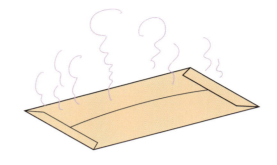

しばらくすると、温かくなりはじめる。

⑦ 温度の変化を観察する

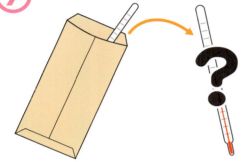

温度計を入れ、数分おきに温度変化のようすを調べる。

> カイロは熱くなりすぎることがあるから、実際には使わないようにしよう。

❓なぜ発熱するの？

鉄は、酸素と結びついて酸化鉄になるときに熱を出す性質がある。また、塩化ナトリウムは物質を酸素と結びつけやすくし、オキシドールは酸素を作り出すはたらきがある。そしてもともと酸素が吸着されている炭は、酸素の濃度を高めるよ。

これらのはたらきが組み合わさって、反応するスピードを調節しながら鉄を酸化させ、発熱するんだ。一般に売られている使い捨てカイロも、ほぼ同じしくみで発熱しているんだよ。

> 物質の性質を上手に利用しているんだね。

市販の使い捨てカイロ

写真撮影／小野寺 宏友

第2章 物質を変化させるふしぎ実験

使い捨てカイロを作る実験

実験の目的
冬になると店で見かける使い捨てカイロは、鉄や塩化ナトリウムでできているそうだ。これは家でも作れるようなので、自分で使い捨てカイロを作って、温まり方を調べてみようと思った。

用意したもの
スチールウール(台所用のもの)　活性炭(観賞魚用のもの)　ポリ袋　オキシドール
塩化ナトリウム(食塩)　茶封筒　紙　はさみ　かなづち　温度計　計量スプーン

作り方
①スチールウールをはさみでできるだけ細かく切る。
②活性炭を袋から取り出し、ポリ袋に入れかなづちでたたいて粉にする。
③スチールウールと活性炭を封筒に入れる。
④塩化ナトリウムをひとつまみ入れ、オキシドールを大さじ2杯入れて混ぜてからよくもむ。

> カイロって、こんなに簡単にできるんだね！

実験の方法
封筒の中に温度計を入れて、1分おきぐらいに温度変化のようすを調べる。

実験の結果
時間がたつにつれて温度が上がっていったが、ある程度時間がたつと今度は温度が××××××××××××××××。

> 温度がどう変化していったのか、書く。

時間(分)	1	2	3	4	5	×	×	×	×	×	×	×	×	×	×	×	×	×	×	×
温度(度)	×	×	×	×	×	×	×	×	×	×	×	×	×	×	×	×	×	×	×	×

> 温度の変化は、表と一緒にグラフでも見せるとわかりやすい。

> 実際の使い捨てカイロと、温度変化を比べても面白いよ。

まとめ・感想
思った以上に温度が上がっていった。温度が上がっている時間も長かった。カイロの熱は鉄と酸素が反応して発生するということなので時間がたって温度が下がったのは、鉄と酸素の反応が終わったのだと思う。××××××××××××××××××××××××××××××。備長炭などの炭でもできるそうなので、今度はいろいろな炭で温度の上がり具合を調べてみたい。

第3章
生き物を知るおもしろ実験
～生物～

フライドチキンの骨からどんな実験ができるのか、93ページをCHECKしよう！

| 実験時間 | 数週間 | レベル | ★★☆ |

実験24 残り野菜は生きている!?

写真撮影／中島 隆

買ってきた野菜や果物は、残った切れ端や種を、育てることができるんだよ。成長するようすを観察してみよう。

用意するもの
- 野菜の切れ端（ダイコンやニンジンなどの、芽に近い部分）
- 野菜や果物の種（ブドウ、スイカ、カボチャなど）
- 土
- 竹ぐし
- 包丁
- まな板
- カップめんなどの発泡スチロールの容器
- バット

野菜の切れ端を育てよう

① 野菜の余った部分をよく洗う

料理に使って余ったダイコンやニンジンの頭の部分などを、よく洗う。

② 切ってバットに入れる

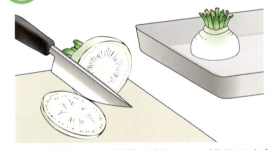

洗った野菜の下の部分を切って、切り口を新しくし、バットに入れる。

③ 水を入れる

野菜の頭が少し出るくらいに水を入れる。

④ 成長のようすを観察する

毎日水を取り替え、入れ物も洗いながら、成長のようすを観察する。

⚠ 包丁は、取り扱いにじゅうぶん注意しよう。

野菜や果物の種を育てよう

① 野菜や果物の種を洗ってとっておく

さまざまな野菜や果物を食べたあと種をよく洗ってとっておく。

② 発泡スチロールに土を入れる

カップめんなどの、発泡スチロールの入れ物に竹ぐしで6～7か所穴を開け、土を入れる。これをいくつか作る。

③ 種を土に植える

とっておいたさまざまな種を植える。何を植えたかわかるように名前を書いたり、札を立てたりする。

④ 日が当たる場所で育てる

日当たりのいい場所に置き、毎日水をあたえて育てる。

⑤ 成長のようすを記録する

成長のようすを観察し、記録する。どの種が育ち、どの種が育たなかったかも調べる。

食べた残りものが成長していくってすごいな！

もとの大きさに成長させるのは難しいけれど、うまくいけば花が咲くようすなども観察できるよ。

野菜や果物の残りものを育てる実験

実験の目的

冷蔵庫に入れていた野菜がいつの間にか芽を出していたのを見て、野菜の残った部分を実際に育てたらどこまで成長するのか調べてみたいと思った。また、捨ててしまう野菜や果物の種を育てることができるのかも一緒に確かめることにした。

用意したもの
ダイコン・ニンジン・ジャガイモ（芽のある部分）　スイカ・カボチャ・アボカドの種　まな板　包丁　発泡スチロールの容器　バット　土　竹ぐし

実験の方法

〈実験1〉
ダイコンやニンジン、ジャガイモの芽のある部分をバットに入れ、水をやって育てる。

〈実験2〉
①野菜や果物を食べるたびに、いろいろな種を集めておく。
②集めた種を、底に竹ぐしで6〜7か所穴を開け、土を入れた発泡スチロールの容器に植え、水をやって育てる。

実験の結果

〈実験1〉

	ダイコン	ニンジン	ジャガイモ
8/1 (3日目)	××××××	××××××	××××××
8/3 (5日目)	××××××	××××××	××××××
8/8 (10日目)	××××××	××××××	××××××
8/× (×日目)	××××××	××××××	××××××
8/× (×日目)	××××××	××××××	××××××
8/× (×日目)	××××××	××××××	××××××

〈実験2〉

	スイカの種	カボチャの種	アボカドの種
8/1 (3日目)	××××××	××××××	××××××
8/3 (5日目)	××××××	××××××	××××××
8/8 (10日目)	××××××	××××××	××××××
8/× (×日目)	××××××	××××××	××××××
8/× (×日目)	××××××	××××××	××××××
8/× (×日目)	××××××	××××××	××××××

成長のようすを、日を追って書いていく。

日々のようすに、イラストを入れてもいいね。

どこまで成長させられたのか、写真やイラストをつけると成果がわかりやすい。

まとめ・感想

水で栽培したダイコンに芽が出たのには驚いた。最後には根の部分が腐って枯れてしまったのが残念だった。もっとひんぱんに水を変えたら、もう少しうまくいくかもしれないと思った。××××××××××××××××。土に植えたどの種も、思った以上にしっかりと育ってうれしかった。とくにアボカドがよく育った。××××××××××××××××××××××××××××××××。

| 実験時間 | 数日間 | レベル | ★☆☆ |

植物はどうやって水を吸う？

実験25

さまざまな植物は、水をどうやって吸い上げているのかな？野菜や花を色水につけて、水の流れを見てみよう。

用意するもの
- 野菜（ネギやセロリ、ダイコン、アスパラガスなど）
- 赤いインク
- コップ ●皿
- 包丁 ●まな板
- 白い花（スイセンやホウセンカなど）

写真撮影／小野寺 宏友

第3章 生き物を知るおもしろ実験

野菜を色水につけよう

① やや濃い色水を作る

ポイント 薄いと色がつきにくいので、色水は濃くする。

コップや皿の水に赤いインクをたらして、色水を作る。やや濃い目にすること。

② いろいろな野菜の根元を切る

ネギやセロリなど、さまざまな野菜の根元の部分を切って、切り口を新しくする。

③ 切り口を色水につける

野菜の切り口を色水につける。

④ 1日置いておく

そのまま1日置いておく。

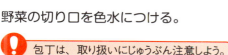
包丁は、取り扱いにじゅうぶん注意しよう。

⑤ 野菜の茎や葉脈を観察する

野菜を取り出し、茎や葉脈に色水が通っているようすを観察する。

⑥ 根元近くを切って観察する

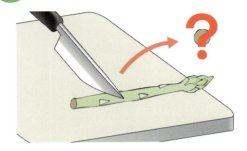

根元に近い部分を切って、断面のようすを観察する。

花に色水を吸わせてみよう

① 白い花を色水にさす

ポイント
花は、なるべく若いものを使うようにする。

ホウセンカやスイセンなどの白い花を、赤いインクを入れた色水にさす。

② 花の色を観察する

数日後に、花の色の変化を観察する。

❓ 色水はどこを通るの？

　植物は、切られてもしばらくは生きていて、切り口から水を吸い上げ続ける。このとき吸い上げた水は、葉や茎にある道管という部分を通って植物の全身に送られるんだ。色水を吸い上げた植物の茎の断面を見ると、赤い色水が通った道管部分が赤く染まっているよ。

　茎を通っている道管は、栄養分を運ぶ師管という管と一緒に束のように集まっていて、この集まった部分を維管束という。一般的に竹やネギなど葉脈がすじ状になっている植物（単子葉植物）は、維管束がまばらになっていて、セロリや水菜など葉脈が網の目状になっている植物（双子葉植物）は、維管束が輪のように集まっているんだよ。だから、単子葉植物は色水に染まった部分がまばらになるのに対して、双子葉植物は丸く輪のようになるんだ。ただし、植物の部位によっては、これがわかりにくい場合もあるよ。

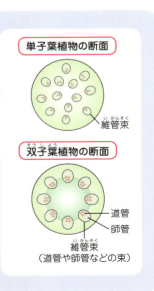

植物に色水を吸わせる実験

実験の目的
花びんの水に赤いインクをたらしたら、白い花が赤くなっていた。そこで、野菜などに色水を吸わせ、どのように吸い上げているのか調べてみることにした。

用意したもの
野菜(ネギ、セロリ、アスパラガス、ダイコン)　赤いインク　コップ　皿　包丁　まな板　白い花(スイセン、ホウセンカ)

実験の方法
〈実験1〉
①野菜に赤いインクをとかした色水を吸わせ、次の日にようすを観察した。
②野菜の茎を切り、色水が茎のどの部分を通っているかを観察した。
〈実験2〉
赤い色水に白い花をさし、数日後に花の色の変化を観察した。

実験の結果

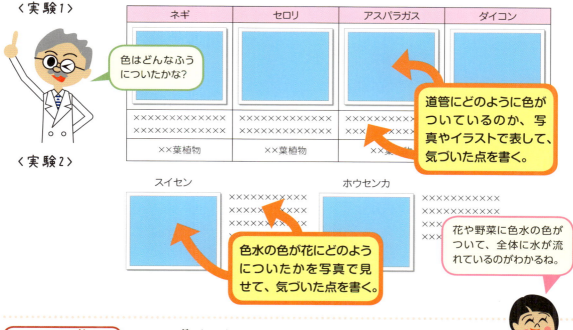

まとめ・感想
セロリは葉脈が赤いすじになっていて、水が全体にまわっているのがわかった。××××××××××××××××××××××××。色水に染まった部分(維管束)の並び方で双子葉植物か単子葉植物か分類してみたが、ネギは皮が重なっていてどの部分が茎かわかりにくいなど、判断しにくいものがあった。××××××××××××××××××××××××。

| 実験時間 約2時間 | レベル ★★☆ |

実験26 でんぷんを分解してみよう

だ液やダイコンの汁、胃腸薬などには、でんぷんを分解する酵素が含まれている。でんぷんが分解されるようすを観察してみよう。

用意するもの
- 計量カップ ● かたくり粉 ● ダイコン
- 胃腸薬(ジアスターゼ入りのもの)
- うがい薬(ヨウ素入りのもの)
- 白いコーヒーフィルター ● コップ(5個)
- バットや皿 ● はさみ ● なべ
- おろし器 ● 包丁 ● 計量スプーン
- ストロー(5本)

写真撮影/上林 徳寛

でんぷんの分解を観察しよう

① かたくり粉を溶かす

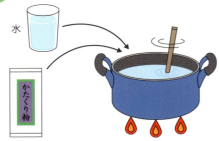

水200mLをなべに入れ、かたくり粉小さじ1杯を加えて火にかけ、温める。

② コーヒーフィルターをひたす

かたくり粉が溶けたら火を止め、5×2cmに切った白いコーヒーフィルターをひたして冷ます。

③ だ液を集める

舌の裏側にストローをさしこんで出てくるだ液をコップに受ける。

④ ダイコン汁と胃腸薬の液を作る

ダイコンをおろした汁、胃腸薬を溶かした液を作り、同じようにコップに入れる。

⚠ 火を使うときには、じゅうぶん注意して、大人の人と一緒にやろう。

⑤ うがい薬をうすめる

10mLのうがい薬を200mLの水でうすめる。

⑥ うがい薬をたらす

ポイント
うがい薬をたらす前に、ティッシュペーパーでかたくり粉を軽くふき取る。

なべからコーヒーフィルターを出し、バットなどに並べる。うすめたうがい薬を数滴ずつたらし、青紫色になるようすを観察する。

⑦ だ液などをたらす

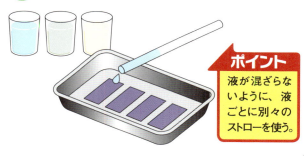

ポイント
液が混ざらないように、液ごとに別々のストローを使う。

それぞれのコーヒーフィルターにストローでだ液、ダイコンの汁、胃腸薬の液、ふつうの水をたらし、全体に広げる。

⑧ ようすを観察する

青紫色がどのように変化するかを観察する。

❓ なぜ青紫色が消えるの？

うがい薬には、でんぷんと反応すると青紫色になるヨウ素という物質が含まれている。そのため、でんぷんであるかたくり粉にたらすと、青紫色になるんだ。

いっぽう、だ液やダイコンの汁、胃腸薬などには、でんぷんをブドウ糖などの糖類に分解するはたらきをもつアミラーゼという酵素が含まれている。そのため、これらをかたくり粉にかけると、でんぷんが分解されて、青紫色が消えるよ。

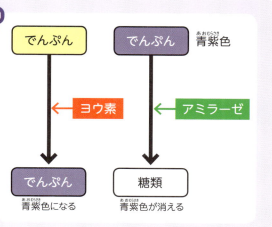

⚠️ はさみやおろし器、包丁は、取り扱いにじゅうぶん注意しよう。

でんぷんの分解実験

実験の目的
だ液やダイコンの汁、胃腸薬などには、でんぷんを分解して糖類にするアミラーゼという酵素が入っているらしい。そこで、これらを使って、実際にでんぷんが分解されるようすを調べてみようと思った。

用意したもの
計量カップ　かたくり粉　ダイコン　胃腸薬(ジアスターゼ入りのもの)　うがい薬
白いコーヒーフィルター　コップ(5個)　バットや皿　はさみ　なべ　おろし器　包丁
計量スプーン　ストロー(5本)

作り方
① お湯にかたくり粉をとかして4枚の白いコーヒーフィルターにしみこませ、バットや皿に並べる。
② 4枚のコーヒーフィルターにうすめたうがい薬をたらし、青紫色にする。

実験の方法
4枚のコーヒーフィルターに、それぞれだ液、ダイコンの汁、胃腸薬を溶かした液、ふつうの水をたらし、変化を観察する。

どんな実験の流れだったか、イラストで説明するといい。

3分で変化がわかりにくかったら、もう少し時間をのばしてみよう。

実験の結果
だ液…××××××××××××××××。
ダイコンの汁…××××××××××××××××。
胃腸薬…×××××××××××××××。
水…×××××××××××××××。

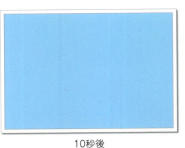

10秒後　　　　　1分後　　　　　3分後

写真でわかりやすく説明する。

まとめ・感想
だ液にでんぷんを分解するはたらきがあることは知っていたが、ダイコンや胃腸薬に同じはたらきがあるとは信じられなかったので、××××××××にはびっくりした。今度は、ほかのものにも同じはたらきがあるかを調べたり、温度による反応の速さの違いなども調べてみたいと思った。

葉脈標本を作ってみよう

実験27 | 実験時間 約2時間 | レベル ★★☆

掃除や料理などに使う重曹で、植物の葉脈標本を作ることができるよ。いろいろな葉で、きれいな葉脈標本を作ってみよう。

用意するもの
- 植物の葉（ヒイラギやツバキの葉が実験に適している）
- 重曹　●計量カップ
- ゴム手袋　●キッチンペーパー
- 歯ブラシ　●割りばし
- なべ（アルミ以外のもの）

写真撮影／上林 徳寛

葉を煮て葉脈標本を作ろう

① 重曹を加熱する

ポイント　アルミのなべを使うと穴が開いてしまうので、鉄やホーローなどのなべを使う。

重曹20gをなべに入れ、サラサラになるまで弱火で加熱する。

② 水を加える

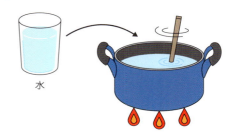

水200mLを加えてかき混ぜ、重曹を溶かす。

③ 葉を煮る

できるだけ摘んだばかりの若い葉を入れ、水が減ったら足しながら弱火で1時間ほど煮る。

④ 葉を取り出す

割りばしで葉を取り出す。

 火を使うときには、じゅうぶん注意して、大人の人と一緒にやろう。換気にも気をつけよう。

⑤ 洗う

ポイント
重曹を溶かした液は、アルカリ性なので、直接触らないようにしよう。

ゴム手袋をはめ、水で洗ってぬめりを取る。

⑥ 水気を取る

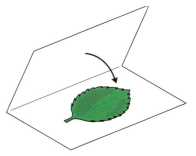

キッチンペーパーなどで水気を取る。

⑦ 歯ブラシで取り除く

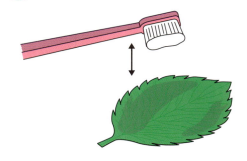

やわらかい歯ブラシで軽くたたくようにして、葉脈以外の部分を取り除く。

⑧ 洗って乾かす

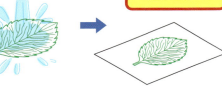

ポイント
うまく葉脈が残らない葉もあるが、それらも写真などで記録に残そう。

やぶらないように洗い、乾かす。葉脈がきれいに見えない場合、歯ブラシと水洗いを何度か繰り返す。

❓ なぜ葉脈だけ残るの？

重曹を溶かした水を加熱すると、炭酸ナトリウム水溶液というアルカリ性の液体になる。アルカリ性の液体には、たんぱく質などの葉の組織を溶かすはたらきがあるんだ。そのため、葉の大部分が溶けたり、やわらかくなったりするよ。

いっぽう、葉脈の部分にはリグニンという物質が多く含まれている。リグニンは、アルカリに強いため、ほかの部分のように溶けることがないんだ。そのため、葉脈だけが残るよ。

身近なところでは、洗剤はアルカリ性の液体がたんぱく質を溶かすはたらきを応用して、汚れを落としているんだよ。

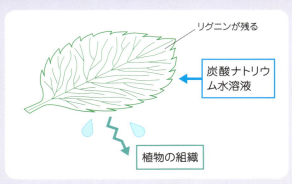

❗ 残った煮汁は、同じ量の酢を入れて中和してから捨てよう。

葉脈標本作り

実験の目的
姉が、きれいな葉脈のしおりを持っていたので作り方を聞いたら、アルカリ性の液体を使うと簡単に作ることができるとのことだった。そこで、重曹を使っていろいろな植物の葉脈標本を作ってみることにした。

用意したもの
植物の葉　重曹　計量カップ　ゴム手袋　キッチンペーパー　歯ブラシ　割りばし　なべ(アルミ以外のもの)

作り方
① 重曹を加熱し、水に溶かす。
② 葉を入れ、水が減ったら足しながら約1時間煮る。
③ 取り出して洗い、キッチンペーパーでふく。
④ 歯ブラシでやさしくたたき、葉脈以外の部分を取り除く。
⑤ 洗って乾燥させる。

葉脈にはいろんな形があるよ！

うまく葉脈がとれなかった葉の写真ものせてもいいかも！

実験の方法
いろいろな葉の標本を作って、形の違いなどを比較した。

実験の結果
下の写真のようになった。

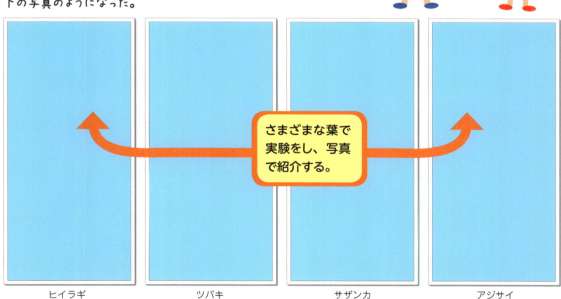

さまざまな葉で実験をし、写真で紹介する。

ヒイラギ　　ツバキ　　サザンカ　　アジサイ

まとめ・感想
ヒイラギやツバキなどは××××××だったが、アジサイは××××××××。葉が厚いもののほうが、××××××××。今度は、煮る時間の違いによってどのようになるのかについても試してみようと思った。

実験時間 約1時間　レベル ★☆☆

実験28 感じやすいのはどこ？

体の表面には、痛みや熱さを感じる感覚器官が、たくさんあるよ。この感覚器官がどのくらいの密度であるのか、体を使って調べてみよう。

用意するもの

- コンパス（針を外せるもの）
※針を外せるコンパスがない場合は、針の先に粘土などをつけてやってみよう。

写真撮影／小野寺 宏友

コンパスで手の感覚を調べよう

① コンパスの針を外す

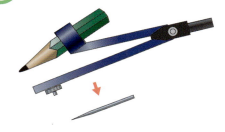

コンパスの針を外し、先の間隔を5mmにする。

② 手のひらの感覚を確かめる

ほかの人の手のひらにコンパスを軽く押し当て、2か所が押されていると感じるか確かめる。

③ 結果を記録する

2か所が押されていると感じなかったら、コンパスの間隔を5mm広げて試し、最初に2か所に感じることができた間隔を記録する。

④ 体のさまざまな部分を調べる

体のさまざまな部分で、同じように試し、その間隔を記録する。

⚠ コンパスの抜いた針は、なくさないようにきちんと保管しよう。

| 実験時間 | 約1時間 | レベル | ★☆☆ |

舌の感じ方を調べよう 実験29

私たちは甘い、すっぱいなどの味を舌で感じている。舌のどの部分で、どの味をよく感じるのか、確かめてみよう。

用意するもの
- 綿棒 ●鏡
- 砂糖
- 塩化ナトリウム(食塩)
- レモン
- コーヒーの粉
- 人工甘味料

写真撮影／小野寺 宏友

第3章 生き物を知るおもしろ実験

舌にいろいろな味をつけてみよう

① 砂糖を舌の先に押し当てる

綿棒の先に、少量の砂糖をつけて舌の先に押し当て、味の感じ方を確かめる。

② 砂糖を舌の横に押し当てる

口を軽くゆすいで、今度は舌の横に押し当てて、味を確認する。

③ 甘さを感じる部分を確かめる

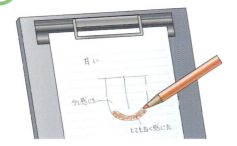

同じようにして舌のさまざまな部分に綿棒を押し当て、どの部分でもっとも甘さを感じるか確かめる。

④ 砂糖以外の食品でも確かめる

ほかの味でも試して、どの味をどの部分でよく感じるか確かめ、舌のイラストを色分けするなどして記録する。

体の感じ方を調べる実験

実験の目的

私たちの体には、さまざまな感覚器官がある。これらの感覚器官がどのようにはたらいて、どのように感じているのかを確かめてみようと考えた。

用意したもの
コンパス　鏡　綿棒　砂糖　塩化ナトリウム(食塩)　レモン果汁　コーヒーの粉　人工甘味料

実験の方法

〈実験1〉
針を外したコンパスをほかの人の手などに軽く押し当て、2か所が押されていると感じることができる間隔を確かめる。

〈実験2〉
さまざまな味のものを舌のいろいろな部分に押し当て、どの味をどの部分で強く感じるか確かめる。

実験の結果

〈実験1〉

父
手のひら	××mm
手のこう	××mm
足の裏	××mm
うで	××mm
×××	××mm
×××	××mm
×××	××mm

××××××××××××
××××××××××。

母
手のひら	××mm
手のこう	××mm
足の裏	××mm
うで	××mm
×××	××mm
×××	××mm
×××	××mm

自分
手のひら	××mm
手のこう	××mm
足の裏	××mm
うで	××mm
×××	××mm
×××	××mm
×××	××mm

××××××××××××
××××××××××。

> コンパスが2か所に感じた間隔を書き、どこがいちばん感じやすかったかなど、気づいたことを書く。

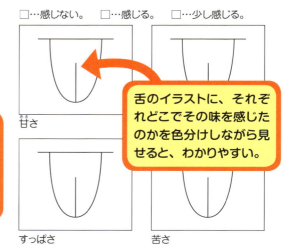

〈実験2〉
□…感じない。　□…感じる。　□…少し感じる。

甘さ　　すっぱさ　　苦さ

> 舌のイラストに、それぞれどこでその味を感じたのかを色分けしながら見せると、わかりやすい。

まとめ・感想

2か所押しているのに、1か所にしか感じないことが不思議だった。体の場所によって、ものに触れる感覚（触感）の敏感さがずいぶん違うのにも驚いた。××××××××××××××××××××。
舌の味の感じ方では、同じ甘さでも砂糖と人工甘味料ではちょっと違うと感じた。甘さにもいろいろ×××××××××××××××××××××××××××。今度は、匂いについても調べてみたいと思った。

> ほかに、どのくらいの距離で匂うのかなど、匂いについて調べても面白いよ。

骨格標本を作ろう

実験時間 約1週間　レベル ★★★　実験30

動物の体はどういう作りになっているか知ってる？　ニワトリの手羽先などの骨を使って、骨格標本を作り確かめてみよう。

用意するもの
- 手羽先　●なべ　●ピンセット
- 歯ブラシ　●ボウル　●皿
- 入れ歯洗浄剤(薬局で売っている)
- マニキュア落とし
- オキシドール(薬局で売っている)
- 瞬間接着剤　●デジタルカメラ
- 計量カップ　●瓶

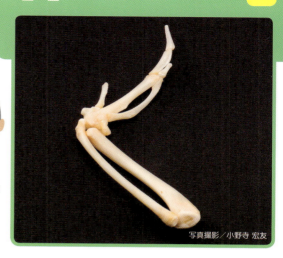
写真撮影／小野寺 宏友

ニワトリの骨を組み立ててみよう

① 骨をゆでる

調理した手羽先を、骨をバラバラにしないように食べたあと、1分ほどゆでる。

② 肉を取る

ポイント
細かい骨の部分は、拡大して撮っておくといい。

ピンセットを使って、残った肉をできるだけきれいに取る。この状態のものをいろいろな角度から撮影しておく。

③ バラバラにしてきれいにする

ポイント
骨は小さなものもあるのでなくさないようにする。

骨の関節をバラバラにし、水と歯ブラシで肉をさらにきれいに取る。

④ 入れ歯洗浄剤につける

ポイント
ゼリー状の軟骨も取り除く。

入れ歯洗浄剤を溶かした約150mLのぬるま湯に1日つけ、洗ったあとしっかり乾燥させる。

> ❗ 火を使うときは、じゅうぶん注意し、大人の人と一緒にやろう。

第3章 生き物を知るおもしろ実験

⑤ 脂分を落とす

ポイント
マニキュア落とし液を使うときは、換気をじゅうぶんする。

瓶にマニキュア落とし液を入れ、ふたかポリ袋をかぶせた状態で約1日つけて脂分を落とし、よく洗って乾燥させる。

⑥ 白くする

瓶にふたをして、オキシドールに約3日つけて色を白くし、よく洗って乾燥させる。

⑦ 組み立てる

撮影しておいた写真と見比べながら、瞬間接着剤を使って組み立てる。

豚足や魚の骨でも作れるよ。魚なら、骨が丈夫なカレイやタイがおすすめ。

骨格標本はどんな役に立つの?

動物の体は、死ぬと腐ってなくなってしまうが、骨は腐らずに残るため、長い時間保存しておくことができる。また、動物の骨格には、外見からはわからない体の作りや特徴が隠されている。そのため、動物の骨格標本を作り、それを調査することで、その動物がどのような種類に分類されるのか、どのような動物から進化してきたのかを知ることができるんだよ。

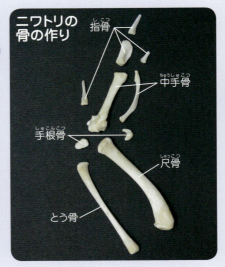

ニワトリの骨の作り／指骨／中手骨／手根骨／尺骨／とう骨

骨で見ると、体の作りがよくわかるんだね。

瞬間接着剤は、手などにつかないように注意しよう。

手羽先の骨格標本を作る実験

実験の目的

ニワトリの肉を食べると必ず骨が残るが、以前からこの骨を組み立ててみたいと思っていた。そこで、自由研究の課題として、この骨を組み立てて骨格標本を作ってみることにした。

用意したもの

手羽先　なべ　ピンセット　歯ブラシ　ボウル　皿　入れ歯洗浄剤　計量カップ　瓶　マニキュア落とし　オキシドール　瞬間接着剤　デジタルカメラ

作り方

① 調理した手羽先を、骨をバラバラにしないように食べたあと、1分ほどゆでる。
② ピンセットを使って、残った肉をできるだけきれいに取る。
③ ②の状態で撮影したあと、関節をバラバラにし、歯ブラシで肉をさらにきれいに取る。
④ 入れ歯洗浄剤を溶かした約150mLのぬるま湯に1日つけ、洗ったあとしっかり乾燥させる。
⑤ マニキュア落とし液に約1日つけて脂分を落とし、洗って乾燥させる。
⑥ オキシドールに3日つけて色を白くし、洗って乾燥させる。
⑦ 写真と比べながら、瞬間接着剤を使って組み立てる。

実験の結果

右のような骨格標本ができた。骨の数は違うが、人間の手のひらにあたる骨や指にあたる骨があることがわかる。
××××××××××××××××××××××××。

できた骨格標本は、写真をつけると、成果がわかりやすい。部位の名前も調べて書くとよい。実物も一緒に提出する。

骨を見ながら、ヒトと比べたりして、気づいたことを書く。

それぞれの部位のはたらきについて調べてもいいね。

まとめ・感想

思った以上に手間がかかったが、それだけやりがいがあった。食べているときは気づかなかったけど、かなり小さい骨もあった。××××××××××××××××××××。予想よりもきれいにできたのがうれしかった。外から見るよりも、複雑な形をしているのが面白いと思った。××××××××××××××××××××。もっといろいろな生き物の骨を組み立ててみたいと思った。

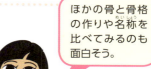

ほかの骨と骨格の作りや名称を比べてみるのも面白そう。

実験時間 約4時間　レベル ★★★

実験31 野菜のDNAを見てみよう！

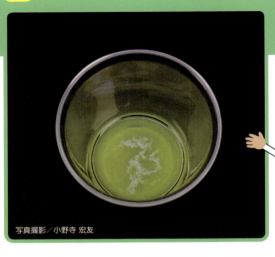

写真撮影／小野寺 宏友

細胞の中にある、私たち生物の設計図ともいえるDNA。普段は見えないけど、ちょっと工夫をすると、見えるようになるよ。

用意するもの
- 野菜（ブロッコリー、タマネギなど）
- 包丁　●まな板　●中性洗剤　●茶こし
- 塩化ナトリウム（食塩）　●計量スプーン
- 消毒用エタノール（薬局で売っている）
- すり鉢　●すりこぎ　●計量カップ
- コップ（3個）　●割りばし

ブロッコリーのDNAを取り出そう

① DNA抽出液を作る

水200mLに中性洗剤小さじ1杯、塩化ナトリウム（食塩）小さじ2杯半を入れてかき混ぜる。これがDNA抽出液になる。

② ブロッコリーをすりつぶす

ブロッコリー2房分ぐらいの大きさの花の部分だけを、軽く切って凍らせてからすりつぶす。

③ ②に①を注ぐ

ポイント
DNAはこわれやすいので、かき混ぜたあとは液には触れないようにする。

すりつぶしたものをコップに入れ、上からDNA抽出液30mLを静かに注ぎ、軽くかき混ぜて10〜20分置いておく。

④ ③の液をこす

茶こしで、10〜20分かけて③の液をこす。

⚠ 包丁は、取り扱いにじゅうぶん注意しよう。

⑤ エタノールを注ぎ入れる

ポイント
勢いよく入らないように、静かに注ぎ入れる。

こした液の2～3倍の量の消毒用エタノールを、割りばしを使って、コップのふちを伝わらせるように、静かに注ぎ入れる。

⑥ DNAが抽出される

すぐに、白い綿のようなDNAが浮いてくる。そのまましばらく置いておき、そのようすを観察する。

タマネギのDNAを取り出そう

① タマネギを細かくすりつぶす

タマネギを半分に切り、その内側の半分を取り出して凍らせ、すり鉢で細かくすりつぶす。

② DNAを取り出す

ブロッコリーのDNAと同じようにして（手順③～⑤参照）、DNAを取り出す。

❓ DNAって何?

すべての生物の細胞の中には核という部分がある。そして、核の中には染色体とよばれる糸のようなものがあり、その中には生物の設計図ともいえる大量の情報（遺伝情報）が、暗号のような形で収められている。この染色体の正体がDNA（デオキシリボ核酸）。一人の人間には数兆個の細胞があるが、その中に入っているDNAはすべて同じなんだ。一方で、一卵性双生児でないかぎり、ほかの人と同じDNAをもっていることはないんだよ。

この実験では、すりつぶして細胞壁を壊したあと、洗剤によって細胞膜等の油分を取りのぞいて中のDNAを取り出し、さらに食塩水によってDNAとタンパク質を分離した。これにエタノールを加えると、重いタンパク質が下に沈み、軽いDNAが浮き上がってくるんだよ。

一人ひとりが違うDNAってことは、すごい数のDNAがあるってことだね。

第3章 生き物を知るおもしろ実験

野菜からDNAを取り出す実験

実験の目的
すべての生き物にあるDNAが、目で見ることができるとは思ってもみなかったが、洗剤や塩化ナトリウムなどの身近なものを使って、目に見える形にできると知り、試してみようと考えた。

用意したもの
野菜(ブロッコリー、タマネギ)　中性洗剤　塩化ナトリウム(食塩)　計量スプーン　計量カップ　包丁　まな板　消毒用エタノール　すり鉢　すりこぎ　コップ(3個)　茶こし　割りばし

実験の方法
〈実験1〉
① 水200mLに中性洗剤小さじ1杯、塩化ナトリウム小さじ2杯半を入れてかき混ぜ、DNA抽出液を作る。
② ブロッコリーの花の部分を切って凍らせてから、すり鉢ですりつぶす。
③ ②をコップに入れ、上からDNA抽出液30mLを注ぎ、20分置いておく。
④ ③を茶こしでこし、その液の3倍の量の消毒用エタノールを注ぎ入れる。
⑤ 出てきたDNAのようすを観察する。

〈実験2〉
タマネギでも、実験1と同じ方法でDNAを取り出し、ブロッコリーのDNAと比べてみる。

実験の結果
〈実験1〉
××××××××××××××
××××××××××××××
×××××××××。
ブロッコリーのDNA

〈実験2〉
××××××××××××××
××××××××××××××
××××××××。
タマネギのDNA

> DNAがどのように見えたのか、2つのDNAを比較して何か違いがあるかなど、気づいた点を書く。

> それぞれ取り出したDNAを写真やイラストで見せると比較しやすい。

> 新鮮なものと古いもので、差が出るのかな?

まとめ・感想
DNAというものは聞いていて知っていたが、こんなふうに見えるものだとは思っていなかった。×××××××××××××××××××××××××××××。
ニワトリのレバーなどでも取り出すことができるそうだ。ほかにどんなものから取り出せるのか調べ、ほかにもDNAを取り出してみたいと思った。

実験時間 約1週間　レベル ★★★

野菜・果物の保存方法を調べよう　実験32

野菜や果物は、保存方法によって新鮮さがまったく異なってくるよ。野菜や果物にとって、どのような保存方法がいいのか調べてみよう。

用意するもの
- レタス(1玉)
- キュウリ(6本)
- バナナ(2本) ●リンゴ(1個)
- 新聞紙　●食品用ラップ
- ボウル　●ポリ袋(3枚)

写真撮影／上林 徳寛

野菜をシャキシャキにする方法を調べよう

① レタスをしおれさせる

レタスの葉を数時間置いておき、少ししおれさせる。

② ポリ袋に入れる

1枚をポリ袋に入れ、口を結ぶ。

③ 水につける

ポリ袋に入れた葉とそのままの葉を水道水につけ、数十分おきにようすを観察する。

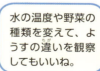
水の温度や野菜の種類を変えて、ようすの違いを観察してもいいね。

第3章 生き物を知るおもしろ実験

99

野菜の新鮮さを保つ保存方法を調べよう

① キュウリを包む

新聞紙＋ラップ　　ラップ　　そのまま

2本のキュウリを新聞紙で包んだ後、ラップで包む。残り4本のうち2本はラップだけで包む。

② 冷蔵庫に入れる

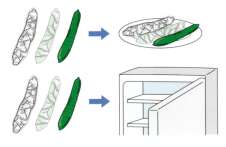

3種類のキュウリを1本ずつ冷蔵庫に入れ、残りの3本は室温で保存する。

③ 観察する

毎日、かたさや表面のようすを観察する。

④ まとめる

ようすの変化を表などにまとめる。

❓ なぜラップや新聞紙で新鮮さを保てるの？

野菜の表面からは、つねに水分が逃げている。これを蒸散というよ。時間がたつとしおれてしまうのは、蒸散によって水分が抜けるからなんだ。ラップには、水分が逃げるのを防ぐはたらきがあるよ。

また、野菜は湿度が高すぎたり、水にぬれたりしていると、その部分がいたみやすくなる。新聞紙には、水を吸いこみ、湿度を一定に保つはたらきがあるよ。そのため、新聞紙に包んだ野菜はいたみにくくなるんだ。

さらに、温度が高いと野菜の周囲にいる細菌の活動がさかんになったり、野菜自体の活動がさかんになって老化が早まったりすることで、いたみやすくなるんだ。冷蔵庫に入れると、細菌や野菜の活動を抑えることができるため、新鮮さを保つことができるよ。

果物の保存方法を調べよう

① バナナとリンゴを袋に入れる

ポイント リンゴは、香りが強くて下の部分が青っぽくなく、黄色っぽいもののほうが熟している。

バナナをよく熟したリンゴと一緒にポリ袋に入れ、口を結ぶ。

② バナナを袋に入れる

バナナだけを袋に入れ、口を結ぶ。

③ 冷蔵庫に入れる

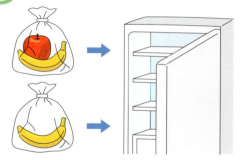

2つの袋を冷蔵庫に入れる。

④ ようすを観察する

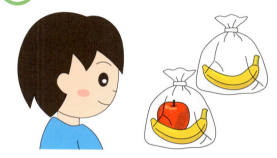

毎日、バナナのようすの変化を観察する。

❓ なぜリンゴと一緒のバナナはいたむの？

リンゴからは、エチレンというガスが出ている。このガスには、野菜や果物が熟すのを助けるはたらきがあるんだ。そのため、リンゴと野菜や果物を一緒に保存すると、エチレンのはたらきで熟しすぎ、いたんでしまうんだよ。

いっぽうジャガイモには、エチレンによって休眠状態になるという性質がある。そのため、リンゴとジャガイモを一緒に保存すると、ジャガイモの芽が出て味が落ちてしまうのを防ぐことができるよ。

エチレン

老化が進む〜

第3章 生き物を知るおもしろ実験

野菜・果物の保存方法を調べる実験

実験の目的

あるとき、母が「冷蔵庫の野菜がシナシナになってしまった」と言っていた。そこで、シナシナになった野菜をもとに戻したり、新鮮なまま保存したりするためにはどうしたらいいか調べることにした。

用意したもの
レタス(1玉)　キュウリ(6本)　バナナ(2本)　リンゴ(1個)　新聞紙　食品用ラップ　ボウル　ポリ袋(3枚)

実験の方法

〈実験1〉
ポリ袋に入れたレタスの葉とそのままのレタスの葉を水道水につけ、数十分おきにようすを観察した。

〈実験2〉
新聞紙とラップで包んだキュウリ、ラップで包んだキュウリ、そのままのキュウリをそれぞれ部屋の中と冷蔵庫で保存し、ようすの変化を毎日調べた。

〈実験3〉
バナナをリンゴと一緒に保存し、ふつうに保存したバナナとようすの変化を調べた。

実験の結果

〈実験1〉
そのまま水に入れたものは時間がたつと×××××、ポリ袋に入れたものは××××××××。

〈実験2〉
冷蔵庫の中のキュウリは、××××××××××××という結果になった。部屋の中のものは、×××××××××××××という結果になった。ただ、部屋の中のものは冷蔵庫の中のものよりも×××××××。

〈実験3〉
リンゴと一緒に保存したバナナは、××××××××。

次は、ほかの野菜や果物でもやってみたいな！

実験前と後の写真をならべて紹介する。

まとめ・感想

実験1から、野菜を水につけると水がしみこむことで××××××××。
実験2から、野菜を新鮮なまま保存するには、××××××××。調べてみると、××××××××はたらきがあることがわかった。
実験3から、リンゴと一緒にバナナを保存すると、××××××××がわかった。調べてみると、××××××××。

第4章
地球の現象を見る なるほど実験
～地学～

うわぁ、すごい雲！

きれいだね。

大変だ！大雨になるかもしれないよ！

え！

どうしてわかるんですか？

雲ができるのは、地球全体の気温や気圧と密接に関係した現象なんだ。だから雲の形を見ると天気が予想できるよ！

107ページで雲の観察方法をCHECKして、天気を予想しよう！

実験時間　約2時間　レベル ★★☆

実験33 地面が液状になる？

写真撮影／小野寺 宏友

地震のときに、建物が沈んだり浮いたりする地面の液状化現象。これはどういったものなのかな？　実験で再現してみよう。

用意するもの
- プラスチックの透明な容器（30×40cmで深さが15cmくらいのもの）
- 土　●砂　●コップ
- プラスチックの瓶（同じ大きさのもの3本）
- 粘土　●丸い棒（3本）

液状化の状態を作り出そう

① 容器に砂を入れる

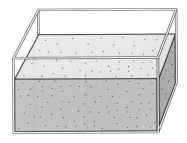

プラスチック容器に7～8cmの深さまで砂を入れる。

② 水を入れる

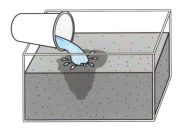

表面を指で押さえたら、にじみ出てくるくらいまで砂に水を入れる。

③ 瓶に粘土を入れる

※瓶のふたは、閉じていても開いていてもいい。

3本のプラスチックの瓶のうち、1本に粘土を半分ぐらい入れ、もう1本に粘土をいっぱい入れる。

④ 瓶を埋める

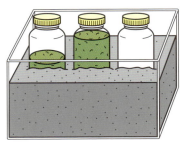

②の砂に3本の瓶を数cm埋める。

⑤ 容器をゆする

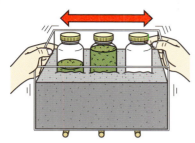

下に丸い棒を3本置き、プラスチック容器をのせる。左右に20回ゆすって、瓶のようすを観察する。変化しない場合は、さらに20回ゆする。これを繰り返す。

⑥ 水の量を変える

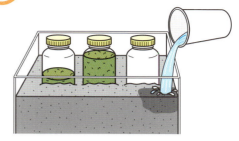

水を入れない、②の半分の量の水を入れるなど、水の量を変え、同じ回数だけゆらして瓶のようすを観察する。

⑦ 土で試す

ポイント
園芸用の肥料の入った土ではなく、ふつうの土を使用する。

砂の代わりに土を使い、②と同じように水を入れて同じ回数だけゆすり、瓶のようすを観察する。

こうやって再現してみると、液状化のしくみがわかりやすいね。

❓ なぜ液状化現象が起こるの？

地中の土や砂の粒の間には、小さなすき間がある。ふだん、土はこのすき間に水が入りこんだ状態で固まっている。ところが、地震によって地面がゆれると、土や砂の粒と水が混ざって、泥水のような状態になる。このため、地面に埋まっていたもののうち、重たいものは沈み、軽いものは浮き上がってしまう。ゆれがおさまると、土や砂の粒はすき間が小さくなり、表面は水たまりのようになるんだよ。
この液状化現象は、粒が細かい土よりも、主に粒の粗い砂を多く含んでいる場所で起こるんだ。

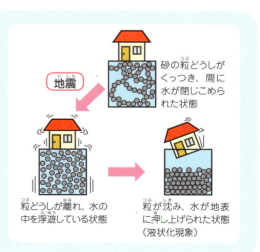

砂の粒どうしがくっつき、間に水が閉じこめられた状態

地震

粒どうしが離れ、水の中を浮遊している状態

粒が沈み、水が地表に押し上げられた状態（液状化現象）

第4章 地球の現象を見るなるほど実験

液状化現象の実験

実験の目的
地震のときに地面が液体のようになる液状化現象が起こると、建物が沈んだり、倒れたりすることがあるという。地面が液体のようになるということが想像できなかったので、どんな状態になるのか試してみることにした。

> **用意したもの**
> プラスチックの透明な容器(30×40cmで深さが15cmくらいのもの)　土　砂　コップ
> プラスチックの瓶(3本)　粘土

実験の方法

〈実験1〉
① プラスチック容器に8cmの深さまで砂を入れ、表面を指で押さえたらにじみ出てくるくらいまで水を入れる。
② 空のプラスチック瓶（瓶1）、粘土を半分入れたプラスチック瓶（瓶2）、粘土をいっぱい入れたプラスチック瓶（瓶3）を、砂に数cm埋める。
③ プラスチック容器をゆっくりとゆすって瓶が沈んだり、浮いてきたりするようすを観察する。

〈実験2〉
水の量を変え、同じ回数だけゆらして瓶のようすを観察する。

〈実験3〉
砂の代わりに土を使い、同じ回数だけゆらして瓶のようすを観察する。

実験の結果

〈実験1〉

	瓶1	瓶2	瓶3
20回	×××××××	××××××	×××××
40回			
60回			×××××

> どのくらいゆすったら、どの瓶がどんな反応をしたのかを表にして書くとわかりやすい。

> 実験の結果、それぞれの瓶がどんな状態になったのか、写真やイラストでも見せる。

> 瓶のようすだけではなく、砂の状態も観察しよう。

> それぞれ比較しやすいように、状態の写真やイラストをつけるとわかりやすい。

まとめ・感想
液状化が起こると、砂が本当に液体のように波打って、砂が下に沈んで、水が上に浮き上がってきた。本当の地震でもそうなるのか、知りたいと思った。×××××××××××××××。軽いものと重いものでは、沈み方が違った。××××××××××××××××××。

実験時間 約2週間　レベル ★★☆

雲で天気を予想しよう

実験34

天気は、雲の変化と一緒に移り変わっていくことが多いよ。規則性があるのかな？　雲を観察して、天気を予想してみよう。

用意するもの
- 湿度計
- デジタルカメラ
- 気象や天気についての図鑑
- パソコン

写真提供／PIXTA

雲のようすを記録にとろう

① 雲を観察する

朝、昼、夕方の1日3回、西のほうの空を観察し、どんな形の雲が見えたかを記録する。

② 風向きや天気を調べる

同時に、風向き（気象庁のホームページなどで）や湿度、そのときの天気も記録しておく。

③ 雲の種類を調べる

気象や天気についての図鑑などで、その日見えた雲の種類を調べる。

④ 記録をまとめる

1～2週間、観察を続けて、どんな雲が見えたらどんな天気になりやすいか調べる。

第4章　地球の現象を見るなるほど実験

❓ 雲の種類で天気がわかるの？

天気が移り変わることによって、見える雲の種類や量は常に変化していくんだ。そのため、雲の種類を覚えておけば、天気の変化を知る大きな手がかりになるんだよ。

巻雲（すじ雲）

もっとも高い場所にできる雲で、天気のいい日に見られる。

巻積雲（うろこ雲）

うろこのように見える雲。低気圧が近づいているときに、最初に見られる。

高積雲（ひつじ雲）

小さなかたまりのような雲。この雲のすき間から別の雲が見えるようなときや、異なる高さにこの雲が見えるようなときは、雨が降る可能性がある。

乱層雲（雨雲）

空の低い場所にまで広がる灰色の雲で、太陽も覆い隠してしまう。長時間にわたって雨を降らせる。

積雲（わた雲）

青空に浮かぶ、わたあめのような雲。強い上昇気流によって発達して大きな積雲（雄大積雲）になり、にわか雨を降らせることがある。

積乱雲（入道雲）

雄大積雲がさらに発達した雲。主に夏に見られ、激しい雷雨やひょうを降らせる。

雲を観察して天気を予想する

観察の目的

夏休みに旅行の予定があって、近くなると当日の天気が気になった。雲のようすから、天気がわかると聞いたので、雲を観察して、天気を予想してみようと考えた。

用意したもの
湿度計　デジタルカメラ　気象や天気についての図鑑　パソコン

観察の方法

①朝、昼、夕方の1日3回、西の空を観察し、どんな形の雲が見えたかをデジタルカメラで記録する。同時に、パソコンや湿度計で風向きや湿度、そのときの天気を調べ、記録しておく。
②図鑑で雲の種類を調べる。
③2週間観察を続けて、どんな雲が見えたらどんな天気になりやすいかをまとめる。

観察の結果

> 毎日の調査結果を、表にするなどわかりやすくまとめる。

> 写真は枚数が多くなるので、小さくするなど、比較しやすいように、工夫して見せる。

天気が悪くなる前には、うろこのような雲→うすい雲→灰色の雲と雲が変化していくことが多かった。
××××××××××××××××××××××××××××
××××××××××××××××××××××××××××
××××××××××。

> 観察した結果を見比べながら、雲の形と天気の関係を考察して書く。

雲が天気を作っているみたいだね。

まとめ・感想

雲を調べてみて、雲にはそれぞれの空の場所ごとにいろいろな種類があるのだとわかり、雲を見るのが楽しくなった。×××××××××××××××××××××××××××。毎日記録して、天気の移り変わりによって、見られる雲に違いがあることもわかった。

実験時間 約1時間　レベル ★★★

実験35 ペットボトルの温度計

写真撮影／上林 徳寛

空気は、温度によって体積が変わる。この性質を利用すると、ペットボトルで温度計ができるんだよ。作ってみよう。

用意するもの
- ビニルチューブ(5〜6m。ホームセンターで売っている)
- ペットボトル(500mLのもの2本)
- 両面テープ　●カラーインク
- 接着剤　●油性ペン　●千枚通し
- カッターナイフ　●温度計

ペットボトルで温度計を作ろう

① キャップに穴を開ける

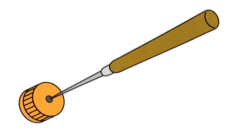

千枚通しを使って、1本のペットボトルのキャップにビニルチューブが通る大きさの穴を開ける。

② ビニルチューブを差しこむ

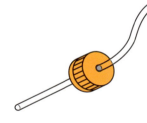

ポイント　表も裏も、接着剤でしっかりとめて、空気が入らないようにする。

キャップにビニルチューブを5cmほどさしこみ、水がもれないように接着剤でとめる。

③ 両面テープをはる

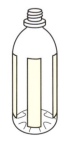

ペットボトルのまわりに両面テープをはる。

④ 水を入れる

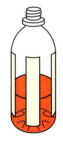

※インクがない場合は、水彩絵の具でもいい。

ペットボトルに3分の1ほど水を入れ、カラーインクをたらして色をつける。

⚠ 千枚通しやカッターナイフは、取り扱いにじゅうぶん注意しよう。ペットボトルも切った部分は手を切りやすいので、気をつけよう。

⑤ キャップをはめる

④にビニルチューブをつけたキャップをはめる。

⑥ ビニルチューブを巻く

> **ポイント**
> ビニルチューブが折れないように注意して巻く。

ペットボトルのまわりにすき間ができないように、ビニルチューブを巻きつけて固定する。

⑦ あまった部分を切る

あまったビニルチューブの端をカッターで切る。

⑧ 冷やす

そのまま冷蔵庫で20～30分冷やす。

⑨ ペットボトルを切る

もう1本のペットボトルの下から3分の1の部分を、カッターナイフで切る。

⑩ ⑨の一部を切り取る

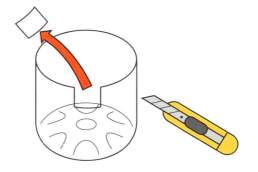

⑨で切ったペットボトルの一部分を、ビニルチューブが出せるように切り取る。

⑪ ペットボトルをのせる

冷蔵庫から出したペットボトルを、イラストのように切ったペットボトルの底にのせる。

⑫ 接着剤でつなぐ

2つのペットボトルを接着剤でつなげる。

⑬ 目もりを書く

クーラーなどで温度を調節し、温度計で確かめた温度（目もり）を油性ペンで書きこんでいく。

⑭ 目もりを細かくする

5℃ごとに目もりをつけて完成させる。

❓ なぜ水が移動するの？

空気の体積は、圧力が一定のとき気温が1℃上がるごとに0℃の体積の1/273ずつ増えていく。そのため、温度が上がるとペットボトルの中の空気が膨張し、ビニルチューブ内の水の柱が先端に向かって押し出される。逆に、温度が下がると空気は収縮するため、ビニルチューブ内の水の柱はペットボトルに押し戻されるんだ。

ただし、空気の体積は温度だけでなく気圧によっても変化するため、この温度計で正確な温度をはかることはできないんだ。はかることができるのは、あくまでも目安の温度だよ。

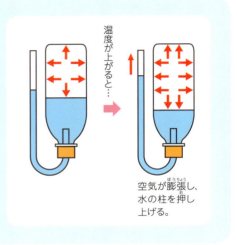

温度が上がると…

空気が膨張し、水の柱を押し上げる。

レポートを作ってみよう！

ペットボトルを使った温度計の実験

実験の目的
しぼみかけていた風船が、太陽の光に当たって温まるとふくらんだ。温まったらふくらむ空気の性質を利用すると、温度計を作ることができるというので、作ってみることにした。

用意したもの
ビニルチューブ（5～6m）　ペットボトル（500mLのもの2本）　両面テープ　カラーインク　接着剤　油性ペン　千枚通し　カッターナイフ　温度計

作り方
① 千枚通しを使って、ペットボトルのキャップにチューブが通る大きさの穴を開ける。
② キャップにチューブを5cmほどさしこみ、水がもれないように接着剤でとめる。
③ ペットボトルのまわりに両面テープをはり、3分の1ほど水を入れてカラーインクで色をつける。
④ ③にビニルチューブをつけたキャップをはめ、ペットボトルのまわりにすき間ができないようにチューブを巻きつけて固定する。そのまま冷蔵庫で数十分冷やす。
⑤ もう1本のペットボトルの下から3分の1の部分を切り、1部分をチューブが出せるように切り取る。
⑥ 冷蔵庫から出したペットボトルを逆さまにし、切ったペットボトルにのせて接着剤でつなげる。
⑦ クーラーで温度を調節して、温度計で確かめた温度を油性ペンで書きこんでいき、最後に5℃ごとに目もりをつけて完成させる。

> どんなものを作ったのか、わかりやすいように、イラストか写真をつける。

実験の方法
この温度計で温度をはかり、ふつうの温度計と比べて温度の違いを調べる。

> 天気の違いも何か影響があるのかな。

実験の結果

日づけ	天気	ふつうの温度計	手作り温度計	差
8月×日	××	×℃	×℃	×℃
8月×日	××	×℃	×℃	×℃
8月×日	××	×℃	×℃	×℃
8月×日	××	×℃	×℃	×℃
		×℃	×℃	×℃
		×℃	×℃	×℃
		×℃	×℃	×℃

> 表などにして、ペットボトル温度計とふつうの温度計が比較しやすいようにする。

まとめ・感想
ふつうの温度計ではかった温度に近い温度をさしたが、微妙に違っていることが多かった。特に、天気のいい日はふつうの温度計よりも温度が××××××××××××××××××××。目もりの位置は気圧にも影響されるそうなので、それが原因かもしれない。次は、気圧との関係なども調べたいと思った。

| 実験時間 | 2〜3日 | レベル | ★★★ |

実験36 簡易気圧計で気圧調べ

写真撮影／上林 徳寛

気圧が下がると天気が悪くなり、上がると天気がよくなる。簡易気圧計で、気圧と天気の関係を調べてみよう。

用意するもの
- ペットボトル（2Lのもの、500mLのもの）
- ビニルチューブ（20cm。ホームセンターで売っている） ●計量カップ
- ストロー（ビニルチューブが入るもの）
- クリップ（大きいもの2つ、小さいもの1つ）
- 輪ゴム ●温度計 ●接着剤（水に溶けないもの）
- 油性ペン ●カラーインク ●スポイト ●きり
- 定規 ●カッター ●プラスドライバー ●パソコン

気圧計を作って観測しよう

① ペットボトルを切る

2Lのペットボトルの底から18.5cmの部分に、3cm間隔で4カ所、きりで穴を開け、上部を図のように切る。

② 温度計を取りつける

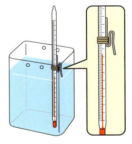

①の容器に水を入れ、輪ゴムとクリップをのばした針金で内側に温度計を取りつける。

③ ストローとチューブをつなげる

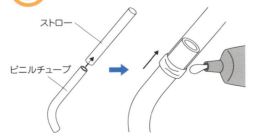

20cmの長さに切ったビニルチューブをストローに1cmぐらいさしこみ、水がもれないように接着剤でしっかりとめる。

④ ふたに穴を開ける

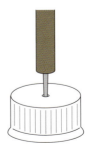

500mLのペットボトルのふたにきりで穴を開け、プラスドライバーで広げる。

⚠ はさみやカッターナイフ、きりは、取り扱いにじゅうぶん注意しよう。

⑤ ふたにチューブをつける

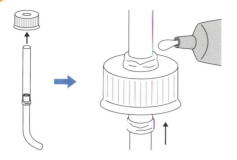

④の穴にストローを根もと近くまでさしこみ、ペットボトルの中の空気がもれないように接着剤をしっかりつける。

⑥ 目もりをつける

ストローの根もとから、油性ペンで5mmごとに目もりをつける。

⑦ 色水を入れる

カラーインクで色をつけた水をペットボトルに150mL入れ、ビニルチューブのついたふたをしっかり閉める。

⑧ ペットボトルを水に沈める

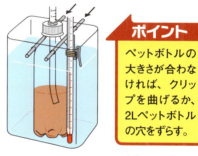

ポイント
ペットボトルの大きさが合わなければ、クリップを曲げるか、2Lペットボトルの穴をずらす。

⑦のペットボトルを②の容器に沈め、浮かんでこないように大きめのクリップを伸ばして穴にさしこみ、押さえる。

⑨ 色水を足す

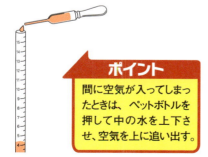

ポイント
間に空気が入ってしまったときは、ペットボトルを押して中の水を上下させ、空気を上に追い出す。

ストローの目もりの4～5cmぐらいの位置まで色水が来るように、スポイトで色水をゆっくりと足す。

⑩ 温度を調節する

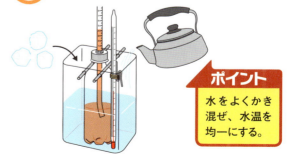

ポイント
水をよくかき混ぜ、水温を均一にする。

気圧をはかるときの温度を決める（25℃くらいが調整しやすい）。お湯や氷を少し足して、その温度になるように水温を調節する。

第4章 地球の現象を見る なるほど実験

⑪ 目もりの数字を記録する

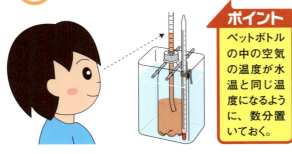

色水の水面がさしている数字を読み取る。

ポイント
ペットボトルの中の空気の温度が水温と同じ温度になるように、数分置いておく。

⑫ 気圧と天気を調べる

気象庁のホームページで、自分が住んでいる場所にもっとも近い観測所での気圧と天気を調べ、記録しておく。

⑬ 観測した数値と天気を比べる

⑩〜⑫を繰り返して数時間おきに数日間、気圧をはかり、観測した数値と天気を記録しておく。

⑭ グラフを作る

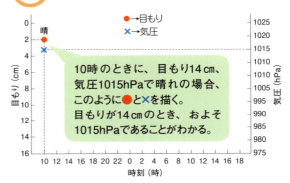

10時のときに、目もり14cm、気圧1015hPaで晴れの場合、このように●と×を描く。
目もりが14cmのとき、およそ1015hPaであることがわかる。

上のようなグラフ用紙を作り、2時間ごとの数値と天気を書きこむ。すべて書きこんだら、線でつなぎ、目もりの値と気圧の関係を調べる。

❓ どうやって気圧と天気を調べるの？

気象庁ホームページ内の「過去の気象データ検索」で都道府県、地点を選び、年月日を指定して「1時間ごとの値を表示」をクリックすると、その日の気圧や天気を見ることができるよ。気圧と天気を観測しているのは右画像のような赤い◎の観測地点だけなので、観測した場所からもっとも近いところを選ぼう。

出典：気象庁ホームページ（http://www.jma.go.jp/jma/index.html）

簡易気圧計で調べる天気と気圧の関係

実験の目的

高気圧が近づいて気圧が上がると天気がよくなり、低気圧が近づいて気圧が下がると天気が悪くなる。そこで、簡易気圧計を作り、天気と気圧の関係を実際に調べてみることにした。

用意したもの

ペットボトル(2Lのもの、500mLのもの)　計量カップ　ストロー　ビニルチューブ　クリップ　温度計　接着剤　油性ペン　カラーインク　スポイト　定規　カッター　きり　プラスドライバー

作り方

① 2Lのペットボトルをカッターで切り、きりで4カ所、穴を開ける。水を入れ、温度計を取りつける。
② 500mLのペットボトルのふたに穴を開け、ビニルチューブとストローで作った管を取りつける。ストローに目もりをかく。
③ カラーインクで色をつけた水をペットボトルに150mL入れ、ビニルチューブのついたふたを閉める。
④ ③のペットボトルを②の容器に沈め、浮かんでこないように大きめのクリップを伸ばして穴にさしこみ、押さえる。
⑤ スポイトで色水を足し、色水の量を調節する。

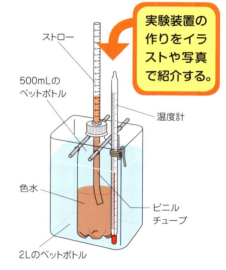

実験装置の作りをイラストや写真で紹介する。

実験の方法

① 計測する温度を決め、外側のペットボトルにお湯や氷を少し足して、その温度になるように水温を調節する。
② 色水の水面がさしている数字を読み取り、そのときの天気や気圧とともに記録する。

実験の結果

右のグラフのようになった。

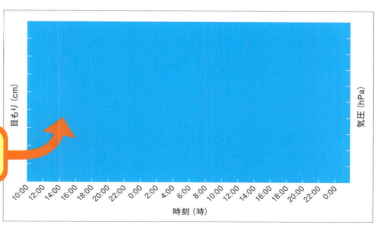

グラフでわかりやすく説明する。

まとめ・感想

2時間おきにはかるのは大変だった。結果は、××××××××××××、××××××××××××という、天気と気圧の関係が思った以上にはっきりと見られた。

実験時間 約1週間 　レベル ★★★

実験37 セロハンが湿度計に!?

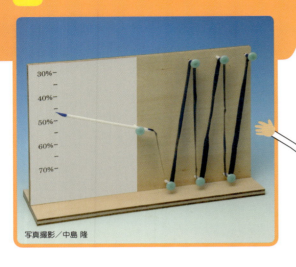
写真撮影／中島 隆

セロハンは、湿度によって伸びたり縮んだりするよ。この性質を利用して、湿度をはかる湿度計を作ってみよう。

用意するもの
- 木の板（20×30cmのもの、10×30cmのもの）
- カッターナイフ ● ストロー ● 定規
- セロハン（ホームセンターなどで売っている）
- ピン（カーペット用のもの7本）
- 白い紙 ● 湿度計 ● ペン
- セロハンテープ ● 木工用ボンド

セロハンを使って湿度計を作ろう

① 細長いセロハンを作る
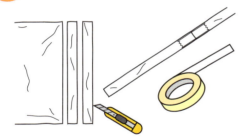
セロハンを幅1cmぐらいに切り、セロハンテープでつなぎ合わせて1.5mぐらいの長さにする。

② ストローにセロハンをはる
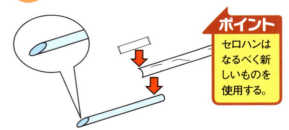
ポイント セロハンはなるべく新しいものを使用する。

ストローの先を斜めに切ってとがらせ、反対側にセロハンテープでセロハンをはる。

③ 板にピンをさす
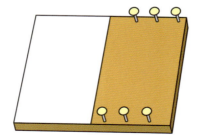
20×30cmの木の板の左半分に白い紙をはり、右半分に図のようにピンを6本さす。

④ ストローを固定する
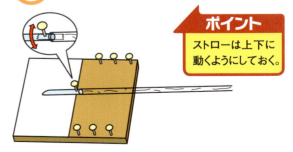
ポイント ストローは上下に動くようにしておく。

板の中央に、ピンを使ってストローを図のように固定する。

⚠ カッターナイフは、取り扱いにじゅうぶん注意しよう。

⑤ セロハンを固定する

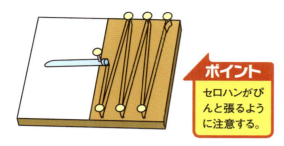

> **ポイント**
> セロハンがぴんと張るように注意する。

セロハンをたるまないようにピンにそって図のようにまわし、最後のピンにセロハンテープで固定する。

⑥ 板を固定する

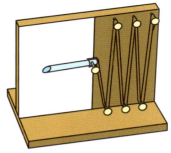

もう1枚の板の上に立て、木工用ボンドではりつける。

⑦ 湿度を記入する

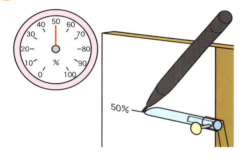

除湿機などで湿度を調節し、湿度計ではかった湿度をペンで記入する。

⑧ 目もりを完成させる

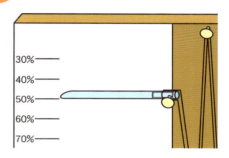

⑦の作業を繰り返し、目もりを完成させる。

❓ なぜストローが動くの？

　セロハンは水分を含みやすく、水分を含むと伸びるという性質をもっている。そのため、湿度が変化して空気中の水分の量が変わると伸びたり縮んだりして、それにつれてストローが引っぱられて動くんだよ。

　小さく切ったセロハンに息を吹きかけてみると、くるくると丸まったり、伸びたりして動くよ。これも同じ理由によるもの。セロハンだけでなく、かみの毛なども同じような性質をもっている。この性質を利用して、かみの毛を使った湿度計が実際に使われているよ。

かみの毛も湿度によって伸び縮みしているって、びっくり！

第4章　地球の現象を見るなるほど実験

レポートを作ってみよう！

セロハンを使った湿度計の実験

実験の目的

セロハンに息をかけると、まるで生きているように動く。これは、息の水分でセロハンが伸びたり縮んだりするためだそうだ。この性質を利用して、空気中の水蒸気の量をはかる湿度計を作れるらしいので、試してみることにした。

用意したもの

木の板(20×30cmのもの、10×30cmのもの)　ピン(カーペット用のもの7本)　白い紙
カッターナイフ　ストロー　セロハン　定規　湿度計　ペン　セロハンテープ　木工用ボンド

作り方

① セロハンをつなぎ合わせて幅1cm、長さ1.5mくらいにし、先を斜めに切ってとがらせたストローにはりつける。
② 20×30cmの木の板の左半分に白い紙をはり、右半分にピンを6本さす。
③ ストローを板の中央にピンを使って固定し、セロハンをたるまないようにピンにそってまわして最後のピンに固定する。
④ もう1枚の板の上に立て、木工用ボンドではりつける。
⑤ 除湿機などで湿度を調節し、湿度計ではかった湿度を記入する作業を繰り返し、目もりを完成させる。

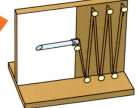

どういういものかわかるように、イラストや写真をつける。

実験の方法

完成した湿度計で湿度をはかり、ふつうの湿度計のさす湿度と比べてみる。

日づけ	天気	気温	ふつうの湿度計	手作り湿度計	差
×月×日	××	×℃	×%	×%	×%
×月×日	××	×℃	×%	×%	×%
×月×日	××	×℃	×%	×%	×%
×月×日	××	×℃	×%	×%	×%
×月×日	××	×℃	×%		
×月×日	××	×℃	×%		
×月×日	××	×℃	×%		

表などにして、差の比較がしやすいように工夫する。

××××××××××××××××××××××××××
××××××××××××××××××××××××××
××××××××××××××××××××××。

晴れか雨かで、湿度はどう変わるのかな？

気温による影響があるかどうかも確認しよう。

まとめ・感想

セロハンは、見ていると本当に伸びたり縮んだりしていて面白かった。セロハン湿度計は、ふつうの湿度計ではかった湿度に近い湿度をさしたが、微妙に違っていることが多かった。気温が高いとき、湿度は××××××××××××××××××××××××××。
××××××××××××××××。

第5章
環境を考えるエコ実験
～環境～

| 実験時間 | 約1日 | レベル | ★★★ |

実験38 牛乳パックを再生紙に！

写真撮影／小野寺 宏友

飲み終わった牛乳パックは、回収してリサイクルされているよね。実際に牛乳パックをドロドロにして、手作りの紙を作ってみよう。

用意するもの
- はり金
- 牛乳パック（1Lのもの）
- 台所用の水きりネット
- ホチキス
- なべ
- 計量カップ
- 計量スプーン
- ミキサー
- 洗濯のり
- バット
- ふきん
- 木の板
- はさみ

牛乳パックから紙を作ろう

① 枠を作る

はり金を折り曲げて15×20cmぐらいの枠を作る。はり金ハンガーがあれば、それを折り曲げて作る。

② ネットをはる

水きりネットをかぶせて、あまった部分はたるまないように折りこみ、ふちの部分をホチキスでしっかりとめる。

③ 牛乳パックを煮る

洗った牛乳パックを切り開き、底とのりしろの部分はのぞいて、水で20分ほど煮る。

④ ミキサーにかける

やわらかくなったら表と裏にはってあるビニルをはいで細かく切り、水と一緒にミキサーで細かく砕く。

⚠ はさみは、取り扱いにじゅうぶん注意しよう。火を使うときは大人の人と一緒にやろう。

⑤ バットに出す

ドロドロになったらバットに出し、洗濯のり小さじ1杯と水を1.5Lほど加えてよく混ぜる。

⑥ ネットにのせる

ネットをしずめ、厚さが均一になるようにドロドロの部分をネットにのせる。

⑦ 水分を吸い取る

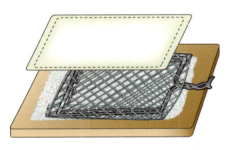

⑥を板の上にひっくり返してのせ、ふきんを押しつけて水分をじゅうぶんに吸い取る。

⑧ 乾かす

ネットを外し、そのまま日かげで乾かす。

第5章 環境を考えるエコ実験

❓ 紙に生まれ変わる紙?

通常、紙の原料にはパルプという素材が使われる。しかし、パルプは伐採した木から作られるため、紙の使いすぎは森林資源を減らすことにもつながるんだ。そこで、使い終わった紙をパルプに混ぜ、これを原料にして紙を作ることがある。このように、使い終わった紙を利用して作られた紙を「再生紙」というよ。

日本では、使い終わったコピー用紙や牛乳パック、新聞紙などの古紙の回収率は50%を超えている。これらの古紙は、コピー用紙やトイレットペーパーなど、さまざまな再生紙にリサイクルされているよ。

＜リサイクルされるもの＞
ダンボール　雑誌
新聞紙　牛乳パック

リサイクルするためには、きちんと分別しないといけないんだよ。

123

牛乳パックで紙を作る実験

実験の目的
森林資源を守るために、使い終わった紙を利用して作る再生紙が増えているという。そこで、リサイクル回収をしている牛乳パックで、実際に再生紙を作ってみたいと思い、試してみることにした。

用意したもの
はり金　牛乳パック　台所用の水きりネット　ホチキス　なべ　計量スプーン　計量カップ　ミキサー　洗濯のり　バット　ふきん　木の板　はさみ　絵の具　香水

作り方
① はり金を折り曲げて15×20cmぐらいの枠を作り、水きりネットをかぶせてふちの部分をホチキスでとめる。
② 洗った牛乳パックを切り開き、底とのりしろの部分を取りのぞいて水で20分ほど煮る。
③ やわらかくなったら表と裏にはってあるビニルをはいで細かく切り、水と一緒にミキサーで細かく砕いてドロドロにする。
④ バットに出し、洗濯のり小さじ1杯と水1.5Lを加えてよく混ぜる（ここで下記の実験1、2をそれぞれおこなった）。
⑤ ④にネットをしずめ、厚さが均一になるようにドロドロの部分をネットにのせる。
⑥ しっかりネットにのったら、木の板の上でひっくり返してふきんを押しつける。
⑦ 日かげで乾燥させる。

実験の方法
〈実験1〉
ドロドロの状態のものに絵の具を混ぜ、いろいろな色の紙を作る。

〈実験2〉
ドロドロの状態のものに香水を混ぜ、いろいろな香りの紙を作る。

色や香りをつけた手作りの紙で、手紙を送りたいな。

実験の結果
〈実験1〉
絵の具によって、いろいろな色の紙ができた。

〈実験2〉
最初は香りがしていたが、時間とともにあまり匂わなくなってしまった。

赤い絵の具　　青い絵の具
バニラの香り　オレンジの香り　バラの香り

作った紙は、写真をはったり、実物をレポートと一緒に提出したりする。

リサイクルについて調べたことがあれば、そのことも書こう。

まとめ・感想
厚さを均一にするのがむずかしく、最初の何枚かは穴が開いて失敗してしまった。色や香りをつけるのは面白かった。××××××××××××××××××。×××××××××××××××××。牛乳パック以外にも、いろいろな野菜などでも紙ができるそうだ。今度は、ほかの材料で試してみたい。

実験時間 約10日　レベル ★★★

布を染めてみよう

実験39

さまざまな植物からとった汁を使って、布を染める草木染めは、身近なもので作れるんだ。ハンカチを染めてみよう。

写真撮影／小野寺 宏友

用意するもの
- タマネギの皮（茶色い部分2～3個分）
- 牛乳　●計量カップ　●木綿のハンカチ
- 焼きミョウバン（スーパーマーケットで売っている）
- ガーゼ　●なべ　●はし　●ボウル
- さびたくぎ（約20本）●酢　●瓶

タマネギでハンカチを染めよう

① 染色液を作る

タマネギ3個ほどの皮（茶色い部分）を1Lの水で20～30分煮て色を出し、ガーゼでこす。これが染色液になる。

② 牛乳につけてから煮る

ポイント
絹や羊毛など、動物質の繊維は、牛乳につけなくても染めることができる。

ハンカチを、牛乳と水を同量混ぜた液に1時間ほどつけて水で洗う。染色液を沸とうさせ、洗ったハンカチを入れて15分ほど煮る。

③ 媒染液を作る

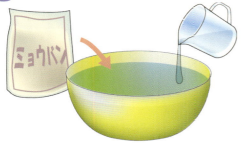

1Lのぬるま湯に100gのミョウバンを溶かす。これが媒染液になる。

④ 媒染液につけてから洗う

染色液から取り出したハンカチを媒染液に15分ほどつけて、水で洗う。

 火を使うときは、じゅうぶん注意して、大人の人と一緒にやろう。

第5章　環境を考えるエコ実験

⑤ ②、④を繰り返す

「染色液で煮る（牛乳につける作業はのぞく）→媒染液につける→水で洗う」という作業をさらに2〜3回繰り返す。

⑥ 洗って乾かす

最後に水で洗って、よく乾かす。

鉄の媒染液を作ろう

① さびたくぎを約20本煮る

なべに半分くらいの水とコップ3杯ぐらいの酢を入れ、さびたくぎを20本くらい入れて20分ほど煮る。

② 上ずみをガーゼでこす

①をガラス瓶などに入れて1週間置いて、ガーゼで上ずみをこす。これが媒染液になる。10倍の量の水で薄めて使う。

❓ 媒染液って何？

草木染めは、染色液に含まれる色素が、布の繊維と結びつくことで染まる。媒染液に使う金属などの成分は、この結びつきを助けるので、ただ染色液につけるより濃く染まるようになるんだ。媒染液は、さまざまな種類があり、その種類によって、同じ染色液を使っても染まり方が異なるよ。

タマネギ以外に、柿やコーヒー、ミカンなどが染料として利用できるよ。

それぞれ媒染液を変えて、染まり方の差を見たいな。

> ❗ 染め上がったハンカチは、最初のうちは洗うと色が落ちるので、ほかの洗濯物と一緒に洗わないようにしよう。

草木染めの実験

実験の目的
友だちが草木染めの小物入れを持っていた。きれいだったので本で草木染めについて調べてみると、さまざまな植物で染めることができるとわかった。そこで、いろいろな植物で布を染めてみようと思った。

―用意したもの―
タマネギの皮　ブドウ　ビワ　コーヒー　牛乳　ハンカチ(木綿)　絹の布
ミョウバン　さびたくぎ　ガーゼ　はし　なべ　ボウル　酢　瓶　計量カップ

作り方
① ミョウバンとくぎでそれぞれ媒染液を作る。（※作り方の説明はここでは省略しています。）
② 植物を1Lの水で数十分煮て色を出し、ガーゼでこして染色液を作る。
③ 木綿のハンカチを、水と牛乳を混ぜた液に1時間ほどつけておく（絹の布の場合は不要）。
④ 染色液を火にかけて沸とうさせ、水で洗ったハンカチを入れて15分ほど煮る。
⑤ 染色液から取り出したハンカチを媒染液に15分ほどつけ、水で洗う。
⑥ 「染色液で煮る→媒染液につける→水で洗う」という作業をさらに数回繰り返し、最後に水で洗って乾かす。

実験の方法
〈実験1〉
タマネギの皮で、木綿のハンカチと絹の布を染め、ミョウバンとくぎの媒染液で染まり具合を比べる。

〈実験2〉
ブドウ、ビワ、コーヒーで染色液を作り、××××××××××××××の布を、実験1の媒染液を使って染め、染まり具合を比べる。

木綿と絹とで染まり方に違いはあるかな？

実験の結果
〈実験1〉

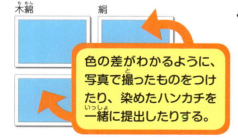

色の差がわかるように、写真で撮ったものをつけたり、染めたハンカチを一緒に提出したりする。

〈実験2〉 ××の布で実験

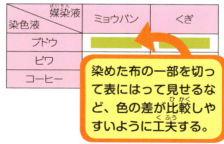

染めた布の一部を切って表にはって見せるなど、色の差が比較しやすいように工夫する。

同じ染色液でも、媒染液で色が変わるって不思議。

まとめ・感想
木綿よりも絹のほうが××××××。絹や羊毛などの動物質の繊維のほうが、植物質の布よりも染まりやすいらしいのだが、×××××。××××××××××××××××。また、媒染液によって、まったく違う色に染まったのには、驚いた。×××××××××。今度は、化学繊維などでも試してみたいと思った。

127

| 実験時間 | 約1週間 | レベル | ★★☆ |

実験40 身近な雨が酸性雨に!?

写真撮影／中島 隆

植物を枯らしたり、コンクリートを溶かしたりする酸性雨は身近な問題なんだよ。雨が酸性になっているかどうか、調べてみよう。

用意するもの
- ペットボトル（500mLのもの）
- セロハンテープ　●ビニルシート
- ガムテープ
- パックテスト®（pH測定用。実験用具店などで売っている）
- カッターナイフ　●パソコン

パックテスト®で雨が酸性かどうか調べよう

① ペットボトルを切る

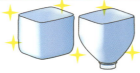

ポイント
水道水が雨と混じると、正しい性質がはかれないのでしっかり乾かす。

ペットボトルをカッターナイフで半分に切り、よく洗って乾かす。

② 重ねて固定する

ペットボトルの上側を逆さにし、重ねてセロハンテープで固定する。これで測定する。

③ 設置する

机の上に置くときは、地上から30cm以上離して、ビニルシートをしく。

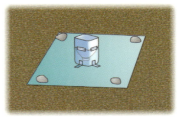
地面に置くときは、下に1m四方くらいのビニルシートをしく。

ポイント
泥はねなど、雨以外のものが入らないようにし、ビニルシートはきれいなものを使う。

天気予報で雨が降りそうなときに、屋外に②の測定器を設置する。場所によって、図のように設置の仕方を工夫する。

❗ カッターナイフは、取り扱いにじゅうぶん注意しよう。

④ 雨を集める

雨を集める。特に降りはじめから数十分以内の雨がいい。

⑤ pHを調べる

集めた雨のpHの値を、パックテスト®で調べる。※パックテストの使い方は130ページ参照。

⑥ 気温などを調べる

雨が降った日の気温や雨のようすなどを記録する。気象庁のホームページなどで風向きも調べ、一緒に記録しておく。

> すぐに調べることができないときは、集めた雨をふたのある容器に保存しておこう。

❓ 酸性雨はなぜ起こるの？

水溶液の性質には、酸性、中性、アルカリ性がある。pHとはこの性質を表す数値で、中性の7を中心に、数字が小さいほど酸性、大きいほどアルカリ性が強くなる。ふつうの雨は中性に近いpHだけど、このpHが5.6以下だと酸性雨というよ。

酸性雨の原因となるのは、自動車の排気ガスに含まれる窒素酸化物や工場の排気ガスなどに含まれる硫黄酸化物など。これらの物質が雲の粒子や雨に溶けこんで、酸性になるんだ。酸性雨は、ひどくなると植物を枯らしたり、湖に流れこんで生物の住みにくい環境を作ったりする。また、コンクリートや金属を少しずつ溶かし、建物などを破壊する性質があるため、問題になっているんだ。

酸性雨ができるしくみ

第5章 環境を考えるエコ実験

⑦ 何日も調べる

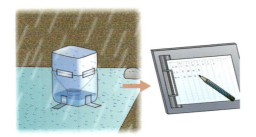

同じ方法で何日も雨を集め、pHを調べる。ペットボトルはそのつど洗って乾かしたものを使う。

⑧ 酸性雨と気象の関係を調べる

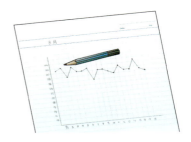

気温や風向きなどと酸性雨にどのような関係があるか、調べてみる。

❓ パックテスト®はどうやって使うの？

簡易水質検査用具には、いくつかの種類があるが、ここでは簡単に検査のできるパックテストの使い方を紹介するよ。

①

チューブ先端についているラインを引き抜く。

②

穴を上にしてチューブの下半分を押し、空気を抜く。

③

指で押したまま、穴の部分を雨水に入れて指の力をゆるめ、雨水を半分ほど吸いこむ。

④

軽く数回ふる。

⑤
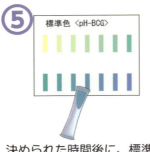

決められた時間後に、標準色の表と色を比べ、pHを調べる。

パックテストには、pH（水素イオン濃度）検査用以外にも、COD（化学的酸素要求量）検査用など、いろいろな種類があるよ。

酸性雨について調べる

実験の目的
学校で酸性雨の問題について習った。遠い国での出来事かと思っていたのだが、私たちが住んでいる地域でも降っているという。そこで、本当に降っているのか、どんなときに降りやすいのかを調べてみることにした。

用意したもの
ペットボトル(500mLのもの)　セロハンテープ　ビニルシート　ガムテープ
パックテスト®(pH測定用)　カッターナイフ　パソコン

実験の方法
① ペットボトルを半分に切り、よく洗って乾かす。ペットボトルの上側を逆さにし、重ねてセロハンテープで固定する。
② 雨の降りはじめのときに、屋外に測定器を設置して雨を集める。雨が降った日の気温や雨のようす、風向きをパソコンなどで調べて記録しておく。
③ 集めた雨のpHの値を、パックテストで調べる。
④ 同じ方法で何日間か雨のpHを調べ、気温や風向きなどと酸性雨にどのような関係があるか調べる。

実験に使った装置

> どのような装置を作って実験をしたのかわかるように、イラストや写真をつける。

実験の結果
初日から、パックテストに酸性雨の反応が出た。気温の差によって、××××××××××××××××××××××××××××。

×月×日	×月×日	×月×日	×月×日	×月×日	×月×日	×月×日
pH…××	pH…××	pH…××	pH…××	pH…××	pH…××	pH…××
気温…×℃	気温…×℃	気温…×℃	気温…×℃	気温…×℃	気温…×℃	気温…×℃
風向き…×××	風向き…×××	風向き…×××	風向き…×××	風向き…×××	風向き…×××	風向き…×××
×××××	×××××	×××××	×××××	×××××	×××××	×××××

> 実験の結果を表などにして、わかりやすくまとめる。

> 気温や風向きとpHをグラフにするとわかりやすい。

> 雨量とpHの値にも、何か関係があるのかな？

まとめ・感想
遠い国の問題だと思っていた酸性雨だったが、調べてみて、身近なところに降っていることを知り、びっくりした。××××××××××××××××××××××××。酸性雨は、植物を枯らしたり、コンクリートを溶かしたりして、さまざまな被害をもたらすそうなので、次はそのような影響についても調べてみたいと思った。

| 実験時間 | 約3日 | レベル | ★☆☆ |

実験41 バナナで紫外線チェック!?

太陽光線には、紫外線という目に見えない光が含まれている。この紫外線の量を、バナナを使って調べてみよう。

用意するもの
- バナナ（6本）
- 紫外線カットフィルム（ホームセンターで売っている）
- 透明なセロハン
- アルミホイル
- セロハンテープ

紫外線カットフィルムで調べよう

① フィルムとセロハンを巻く

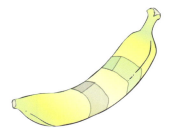

バナナに紫外線カットフィルムと、透明なセロハンを巻きつけて、セロハンテープでとめる。

② 太陽に当てる

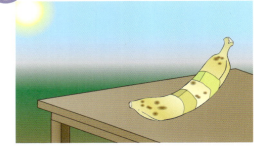

太陽の光に数時間当てる。

③ 暗い場所に置く

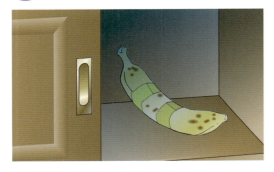

暗い場所に1～2日間置いておく。

④ 色を調べる

セロハンと紫外線カットフィルムを取り、色の変化を調べる。

アルミホイルで調べよう

① アルミホイルを巻く

5本のバナナにアルミホイルを巻きつける。

② 太陽に当てる

5本のバナナをそれぞれ1時間、2時間、3時間、4時間、5時間ずつ太陽の光に当てる。

③ 暗い場所に置く

暗い場所に1～2日間置いておく。

④ 色を比べる

アルミホイルをとり、色の違いを比べる。

❓なぜ色が黒っぽくなるの？

　太陽光線には、紫外線という目に見えない光が含まれている。この紫外線は、生物の細胞にはたらきかけて、ガンを引き起こしたりする。バナナの色が黒くなったのは、バナナの細胞が壊れたためだと考えられている。
　紫外線カットフィルムは、目に見える光は通すが、紫外線だけを通さない性質がある。そのため、このフィルムでおおった部分はバナナの細胞が守られ、色が黒くならないんだよ。
　一方、人間の皮膚も、紫外線に当たると黒くなる。これは、紫外線をさえぎるメラニン色素という黒い色素を増やすことで、体を紫外線から守ろうとするはたらきで、バナナが黒くなるのとは異なるよ。

バナナの皮が黒くなるのは、細胞が壊れたからかもしれないんだ！

人間の皮膚が黒くなる原因とは逆なのが面白いね。

第5章　環境を考えるエコ実験

バナナで紫外線を調べる実験

実験の目的
夏に日焼けするのは、紫外線が原因らしい。この紫外線は、あびすぎると体に悪い影響をあたえるという。そこで、バナナを使って、紫外線の影響がどのように出るのか調べてみた。

> **用意したもの**
> バナナ(6本) 紫外線カットフィルム 透明なセロハン アルミホイル セロハンテープ

実験の方法
〈実験1〉
① バナナに紫外線カットフィルムと透明なセロハンを巻きつけ、太陽の光に数時間当てる。
② 暗い場所に1～2日間置いたあと、セロハンとフィルムを取って色の変化を調べる。

〈実験2〉
① 5本のバナナにアルミホイルを巻きつけ、それぞれ1時間、2時間、3時間、4時間、5時間ずつ太陽の光に当てる。
② 暗い場所に1～2日間置いたあと、アルミホイルを取って色の変化を比べる。

実験の結果

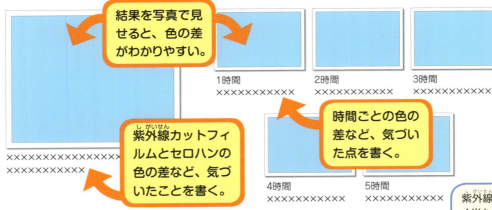

〈実験1〉結果を写真で見せると、色の差がわかりやすい。紫外線カットフィルムとセロハンの色の差など、気づいたことを書く。

〈実験2〉1時間 2時間 3時間 4時間 5時間 時間ごとの色の差など、気づいた点を書く。

まとめ・感想
紫外線カットフィルムでおおった部分は××××××××××××××。紫外線がカットされたために、バナナの細胞が守られたためだと思う。××××××××××××××××××××××。また、太陽の光に当てる時間が長いほど×××××××××××××××××。細胞が大きな影響を受けたためだと思う。
紫外線の量は、日によって大きく変わるというので、次回は、紫外線測定器などで、もう少し紫外線の量を正確にはかりながら試してみたいと思った。

紫外線にはなるべく当たらないほうがいいんだね。

発酵食品を作ろう

| 実験時間 | 約3週間 | レベル | ★★★ |

実験42

菌の力を借りて発酵させて作る食品があるよ。どうやって作るのかな？ みそとヨーグルトの作り方を見てみよう。

用意するもの
- 水煮の大豆（200g）　●すり鉢　●すりこぎ
- 塩化ナトリウム（食塩。30g）
- 米こうじ（200g。スーパーマーケットで売っている）　●なべ　●ボウル　●おたま
- へら　●筆　●チャックつきのポリ袋　●焼酎
- 牛乳（500mL）　●ヨーグルト（大さじ2杯）
- 計量スプーン　●ふたつきの耐熱容器
- クーラーボックス　●使い捨てカイロ　●温度計

写真撮影／小野寺 宏友

大豆と米こうじでみそを作ろう

① 大豆を煮る

大豆の水煮を、簡単につぶせるくらいやわらかくなるまで煮る。

② 大豆をすりつぶす

豆をすり鉢に入れ、よくつぶす。煮汁は⑤で使うので取っておく。

③ 米こうじと塩化ナトリウムを混ぜる

米こうじをボウルに入れて指で細かくほぐし、塩化ナトリウム（食塩）30gと混ぜる。

④ 米こうじと大豆を混ぜる

②の大豆を冷まして③の米こうじに入れて、よく混ぜる。

 火の取り扱いにはじゅうぶん注意をし、大人の人と一緒にやろう。

第5章 環境を考えるエコ実験

⑤ 煮汁を加えて混ぜる

粘土くらいのかたさになるように、煮汁を加えながらさらに混ぜる。

⑥ ポリ袋に入れる

ポイント
焼酎の代わりに、少量の塩をまぶしてもいい。

チャックつきのポリ袋に入れ、表面に豆を腐らせるカビを防止するために焼酎をぬる。

⑦ 涼しい場所に置く

空気を抜いてからチャックの口を閉じ、横にして台所など日が直接当たらない涼しい場所に置く。

⑧ 3週間ほど置いておく

週に1～2回、袋を上下にひっくり返して水分を均一にし、中にガスがたまったらガスを抜きながら、色の変化などを観察する。約3週間ほどでみそができあがる。

❓ なぜみそになるの？

米こうじには、こうじカビという菌が含まれている。このこうじカビが、発酵によって大豆に含まれているタンパク質やデンプンを分解することでうまみ成分や甘みが作り出され、みその味が生まれるんだ。

日本では、昔から米こうじをみそのほか、日本酒や酢、しょう油、つけ物など、さまざまな発酵食品を作るために使ってきたんだよ。

ほかにも、カマンベールチーズやブルーチーズなんかも、カビの力でできるんだよ。

役に立つカビもあるんだ！

牛乳でヨーグルトを作ってみよう

① ふたつきの耐熱容器などを消毒する

ポイント
温度計は、先端部分（温度を測る部分）だけ消毒できればいい。

なべで水を沸とうさせ、ふたつきの耐熱容器と計量スプーン、温度計を1分ほど煮る。消毒後は、雑菌がつかないようになるべく触らないようにする。

② 牛乳を温める

500mLの牛乳をなべに入れ、50℃くらいまで温め、火を消して冷ます。

③ 牛乳にヨーグルトを入れる

ポイント
ヨーグルトは開けたばかりの新しいものを使う。

牛乳が40℃くらいまで冷えたら、消毒した計量スプーンで、大さじ2杯のヨーグルトを入れ、よく混ぜる。

④ 8〜12時間置いておく

ポイント
使い捨てカイロの代わりに、湯たんぽでもいい。

③の牛乳をふたつきの耐熱容器に入れ、ふたをし、カイロとともにクーラーボックスに入れる。40℃くらいを保つように、ときどきカイロを交換し、ようすを観察する。

⑤ 冷蔵庫で冷やす

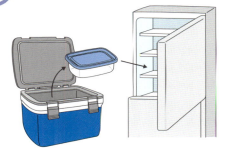

容器の中で牛乳が固まったら、冷蔵庫で冷やし発酵を止める。

ヨーグルトには乳酸菌という菌が入っていて、その力で牛乳がヨーグルトに変化するよ！

第5章 環境を考えるエコ実験

⚠ 火の取り扱いにはじゅうぶん注意をし、大人の人と一緒にやろう。

発酵食品を作る実験

実験の目的
身近な食品の中にも菌の力を利用し、発酵させてつくるものがたくさんある。簡単に作れるものもあると本に書いてあったが、本当なのか疑問だったので、自分で作ってみることにした。

用意したもの
水煮の大豆(200g)　塩化ナトリウム(食塩。30g)　米こうじ(200g)　すり鉢　すりこぎ　なべ　ボウル　ポリ袋(チャックつき)　焼酎　おたま　へら　筆　牛乳(500mL)　計量スプーン　ふたつきの耐熱容器　クーラーボックス　使い捨てカイロ　温度計

作り方

みそ
① 大豆の水煮を煮てからすりつぶす。
② 米こうじと塩化ナトリウムを混ぜる。
③ ①と米こうじ、大豆の煮汁をよく混ぜる。
④ ③をポリ袋に入れ表面に焼酎をぬって、空気が入らないように口を閉じる。
⑤ 週に1〜2回袋をひっくり返し、約3週間待つ。

ヨーグルト
① ふたつきの耐熱容器と計量スプーン、温度計を熱湯で消毒する。
② 牛乳を50℃ほどに温める。
③ 牛乳をふたつきの耐熱容器に入れて40℃ほどに冷まし、大さじ2杯のヨーグルトを加える。
④ クーラーボックスに容器と使い捨てカイロを入れ、8〜12時間待つ。
⑤ 固まったら、冷蔵庫で冷やす。

実験の方法
大豆と牛乳がそれぞれ、みそとヨーグルトに変化するようすを観察する。

菌の力で食べ物の味が変わるのが不思議だね。

実験の結果

みそ

5日目	10日目
×××××××××	×××××××××

15日目	20日目
×××××××××	×××××××××

ヨーグルト

1時間後	6時間後	12時間後
×××××××××	×××××××××	×××××××××

毎日観察しながら、変化があった日の状態を写真などで見せ、色の変化など、気づいた点を書く。

まとめ・感想
みそは、××××××××××××××××××、ヨーグルトは×××××××××××××だった。×××××××××××××××××××××。わずかな菌で、本当に発酵食品ができたので、感動した。

生ゴミで植物を育てよう

実験時間 約1か月　レベル ★★★　実験43

生ゴミを置いておくと、小さな生物のはたらきで分解されて、肥料になるんだよ。生ゴミで肥料を作って、植物を育ててみよう。

用意するもの
- 生ゴミ
- 土
- バケツ
- 植木鉢（3個）
- 新聞紙
- ポリ袋
- 布
- ひも
- 植物の種（小松菜など）
- スコップ

写真撮影／中島 隆

生ゴミで肥料を作ろう

① 生ゴミを集める

ポイント
袋に新聞紙を入れておくと、水分を取ってくれる。

生ゴミを細かく切り、水気をきってから袋に入れる。これを1週間分ほど取っておく。

② 土を集める

ポイント
公園や林の土を取るには持ち主の許可が必要なので、あらかじめ確認する。

家の庭や公園、林などから、土を1Lほど集める。

③ ゴミと土をよく混ぜる

土を半分別に移して、残った土の入ったバケツに生ゴミを入れ、よく混ぜる。

④ ふたをする

布などでふたをしてひもでしばり、直射日光の当たらない風通しのいい場所に置いておく。

第5章 環境を考えるエコ実験

⑤ かき混ぜる

1日1回スコップなどでかき混ぜる。

⑥ 2週間置いておく

約2週間で肥料ができあがる。

⑦ 植木鉢で種を育てる

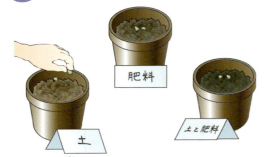

3個の植木鉢に肥料だけ、肥料と土、土だけを入れ、わかるように書いておき、植物の種を同じ数だけまく。

⑧ 育ち方の違いを比べる

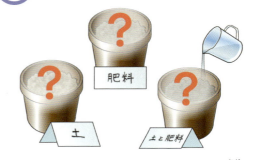

毎日決まった量の水をやり、育ち方の違いを比べる。

❓ なぜ肥料になるの？

生ゴミを、土の上にまくだけでは肥料にはなりにくい。土の上だと病原菌などが増えて腐り、植物に悪影響をあたえる成分ができやすかったり、乾燥してしまって肥料になりにくかったりするからだよ。

生ゴミは有機物（炭素を含む物質）からできている。土に埋めることで、土の中に含まれている発酵をおこなう細菌によってこの有機物が発酵分解され、リン、カリウム、窒素などの無機物（炭素を含まない物質）になるよ。これらが、植物が成長するための栄養分となるんだ。

ただし、肥料を作るときにはときどきかき混ぜないと、土の中でも腐敗菌が活発に活動して、いい肥料にならないよ。

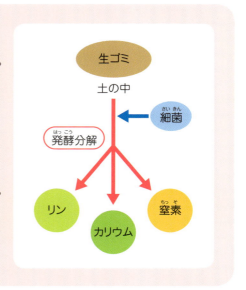

生ゴミで肥料を作る実験

実験の目的
毎日大量に出るゴミの中でも多いのが生ゴミらしい。水分が多いため焼却にも大変なエネルギーが必要とされるそうだ。そこで、この生ゴミを有効に利用するために肥料作りに挑戦してみようと思った。

用意したもの
生ゴミ　土　バケツ　植木鉢(3個)　新聞紙　ポリ袋　布　ひも　小松菜の種　スコップ

作り方
① 生ゴミを1週間分ほど取っておき、土と一緒にバケツに入れ、よく混ぜる。
② 布などでふたをして直射日光の当たらない場所に置き、1日1回スコップなどでかき混ぜると、約2週間で肥料が完成する。

実験の方法
① 3個の植木鉢に肥料だけ、肥料と土、土だけを入れ、それぞれに植物の種をまく。
② それぞれの植木鉢に同じ量の水をやって、育ち方の違いを比べる。

実験の結果

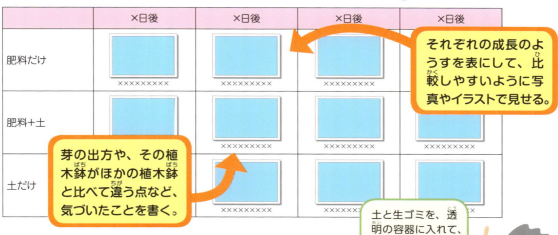

	×日後	×日後	×日後	×日後
肥料だけ				
肥料＋土				
土だけ				

> 肥料を入れるとどんな効果があるのかな？

> それぞれの成長のようすを表にして、比較しやすいように写真やイラストで見せる。

> 芽の出方や、その植木鉢がほかの植木鉢と比べて違う点など、気づいたことを書く。

> 土と生ゴミを、透明の容器に入れて、どのように肥料になっていくか観察してもいいね。

まとめ・感想
成長のようすを見てきて、植物がしっかりと成長するのには肥料が大切であることがよくわかった。××××××××××××××××××××××××××××。生ゴミ肥料は環境にもやさしいので、庭の花や木のために、これからも生ゴミ肥料作りを続けたいと思う。

索引

※各実験の「レポートを作ってみよう！」のページはのぞいています。

あ
- アイス作り……………………………… 20-22
- アミラーゼ……………………………… 85
- アルカリ性………………………… 54-55, 88
- アルファ線……………………………… 45
- アルミ板…………………………… 62-63
- アントシアン…………………………… 55

い
- イオン……………………………… 45, 71-72
- 維管束…………………………………… 82
- 糸電話………………………… 26, 27-28
- 入れ歯洗浄剤…………………………… 93
- 色(温まり方)…………………………… 51

う
- うがい薬…………………………… 48-49, 85

え
- 液状化現象…………………………… 104-105
- エタノール……………………………… 97
- エチレン………………………………… 101
- 塩化ナトリウム……… 20-21,23-24,57,65-66, 71,74-75,91,96,135

お
- オキシドール………………………… 49, 75, 94
- 音…………………………………… 26, 27-28
- 温度計(ペットボトル)………………… 110-112

か
- カイロ作り……………………………… 74-75
- 活性炭………………………………… 74-75
- 画びょう………………………………… 40
- 紙皿スピーカー……………………… 30-32
- 体の感じ方…………………………… 90, 91
- 簡易気圧計(ペットボトル)………… 114-116
- 感覚器官(からだ)……………………… 90
- 感覚器官(舌)…………………………… 91
- 寒剤……………………………………… 21
- 寒天……………………………………… 71

き
- 牛乳でヨーグルト作り………………… 137
- 牛乳パックで再生紙………………… 122-123
- 共振(ふりこ)…………………………… 38

く
- 空気電池(備長炭電池)………………… 66
- 空気の力………………………… 12, 13-14
- 草木染め……………………………… 125-126
- 果物電池…………………………… 62-63
- 果物の保存方法………………………… 101
- 雲で天気予想……………………… 107-108

け
- 毛糸染め……………………………… 59-60

こ
- コイル(スピーカー)………………… 30-32
- 骨格標本……………………………… 93-94
- 米こうじ……………………………… 135-136

さ
- 再生紙(牛乳パック)……………… 122-123
- さび(10円玉)落とし…………………… 57
- 酸性……………………………… 54-55
- 酸性雨………………………………… 128-130

し
- 紫外線(バナナ)……………………… 132-133
- 紫外線カットフィルム……………… 132-133
- 試験紙(ムラサキキャベツ)…………… 55
- 舌の感覚………………………………… 91
- 湿度計(セロハン)…………………… 118-119
- 試薬(ムラサキキャベツ)……………… 54
- シャボン玉(色変化)…………………… 68
- 10円玉・1円玉電池…………………… 66
- 10円玉のさび落とし…………………… 57
- 重曹………………………………… 54, 87

す
- スチールウール………………………… 74

せ
- 静電気…………………………… 34-35, 40-41
- セロハンで湿度計…………………… 118-119
- 染色液………………………………… 125

そ
- 双子葉植物……………………………… 82

た
- 大豆でみそ作り……………………… 135-136

142

種(野菜・果物)の成長 …………………… 79
卵を浮かす ……………………………… 23-24
単子葉植物 …………………………………… 82

つ
使い捨てカイロ ………………………… 74-75

て
DNA(野菜) ……………………………… 96-97
デオキシリボ核酸(DNA) ……………………… 97
天気予想(雲) …………………………… 107-108
電子オルゴール ……………………………… 66
でんぷんの分解 ………………………… 84-85

と
銅イオン ………………………………… 71-72
道管 ………………………………………… 82
銅板 ……………………………… 62-63, 71-72
ドライアイス ………………………………… 44
トレーシングペーパー ……………………… 17

な
生ゴミの肥料 …………………………… 139-140

に
乳酸菌 ……………………………………… 137

ぬ
布を染める ……………………………… 125-126

の
残り野菜の成長 ……………………………… 78

は
媒染液 …………………………………… 125-126
パックテスト(pH測定用) ……………… 128-130
発酵食品 ………………………………… 135-137
発光ダイオード …………………………… 63, 66
バナナで紫外線 ………………………… 132-133
花の吸水 …………………………………… 82

ひ
pH ……………………………………… 129-130
光の干渉(シャボン玉) ……………………… 68
ビタミンチェック(うがい薬) ……………… 48-49
表面張力(シャボン玉) ……………………… 69
備長炭電池 ………………………………… 65-66
ピンホールカメラ ………………………… 16-18

ふ
フランクリンモーター ……………………… 35

ふりこ …………………………… 37-38, 40-41
フレミングの左手の法則 …………………… 32

へ
ベータ線 …………………………………… 45
ペットボトルの温度計 …………………… 110-112
ペットボトルの簡易気圧計 ………………… 114-116

ほ
放射線 …………………………………… 43-45
ポリ塩化ビニルのパイプ …………………… 35

ま
マグデブルグの半球 ……………………… 13-14
丸型磁石 …………………………………… 30

み
水の温まり方(色) ………………………… 51
水の温まり方(角度) ……………………… 52
みそ作り ………………………………… 135-136
密度 ………………………………………… 24

む
ムラサキキャベツ液 ……………………… 54-55

も
モーター(静電気) ……………………… 34-35
モールでシャボン玉 ……………………… 69

や
焼きミョウバン …………………………… 125
野菜の吸水 ………………………………… 81-82
野菜のDNA ……………………………… 96-97
野菜の保存方法 ………………………… 99-100

ゆ
融解熱 ……………………………………… 21

よ
溶解熱 ……………………………………… 21
ヨウ素 …………………………………… 48-49
葉脈標本 ………………………………… 87-88

り
リグニン …………………………………… 88

れ
レモン電池 ……………………………… 62-63

ろ
6P型乾電池 ………………………………… 72

監修	左巻健男（法政大学教職課程センター教授）
イラスト	中根ケンイチ／佐々木伸／神林光二 スタジオカメ（伊地知活彦・藤原栄美） 坂川由美香
カバーデザイン	スーパーシステム（菊谷美緒）
本文デザイン	ニシ工芸株式会社
編集協力	株式会社童夢 山内ススム

※「パックテスト」は、株式会社共立理化学研究所の登録商標です。

●主な参考文献（50音順）

「新しい科学の教科書 物理編」左巻健男 執筆代表(文一総合出版)
「新しい科学の教科書 化学編」左巻健男 執筆代表(文一総合出版)
「新しい科学の教科書 生物編」左巻健男 執筆代表(文一総合出版)
「新しい科学の教科書 地学編」左巻健男 執筆代表(文一総合出版)
「おもしろ実験・ものづくり事典」左巻健男・内村浩 編著(東京書籍)
「環境問題を考える自由研究ガイド」エコ実験研究会 編(東京書籍)
「小学館の図鑑NEO 科学の実験」ガリレオ工房 監修(小学館)
「植物の観察と実験を楽しむ」松田仁志 著(裳華房)
「だれでもできるパックテストで環境しらべ」岡内完治 著(合同出版)
「中学生理科の自由研究 eco実験室」左巻健男 監修(成美堂出版)
「中学生の理科 自由研究 入門」(学研)
「ぼくの作った温度計」山崎正勝 著(岩波書店)
「骨の学校—ぼくらの骨格標本のつくり方」盛口満・安田守 著(木魂社)
「RikaTan(理科の探検)」左巻健男 編集長(文一総合出版)

電話でのお問い合わせは受け付けておりません。本書で扱っている実験でわからないことがある場合は、書名・質問事項（該当ページ）・氏名・住所を明記のうえ、下記まで郵送でお尋ねください。
〒162-8445　東京都新宿区新小川町1-7　成美堂出版編集部　自由研究係
※ご質問到着後、ご回答発送までは通常1週間ほどかかります。余裕を持ってお問い合わせください。

中学生 理科の自由研究パーフェクト

編　者	成美堂出版編集部
発行者	深見公子
発行所	成美堂出版 〒162-8445　東京都新宿区新小川町1-7 電話(03)5206-8151　FAX(03)5206-8159
印　刷	凸版印刷株式会社

©SEIBIDO SHUPPAN 2016　PRINTED IN JAPAN
ISBN978-4-415-32149-3

落丁・乱丁などの不良本はお取り替えします
定価はカバーに表示してあります

● 本書および本書の付属物を無断で複写、複製(コピー)、引用することは著作権法上での例外を除き禁じられています。また代行業者等の第三者に依頼してスキャンやデジタル化することは、たとえ個人や家庭内の利用であっても一切認められておりません。